Kontextabhängige Anomaliedetektion zur visuellen Hinderniserkennung für automatisierte PKW im End-of-Line-Bereich

Context Dependent Anomaly Detection for Visual Obstacle Detection in Automated Cars at the End of Production Line

Von der Fakultät für Maschinenwesen
der Rheinisch-Westfälischen Technischen Hochschule Aachen
zur Erlangung des akademischen Grades eines
Doktors der Ingenieurwissenschaften
genehmigte Dissertation

vorgelegt von

Marius Julian Wenning

Berichter/in:

Univ.-Prof. Dr.-Ing. Dipl.-Wirt. Ing. Günther Schuh
Univ.-Prof. Dr.-Ing. Peter Burggräf, MBA

Tag der mündlichen Prüfung: 18. Oktober 2022

ERGEBNISSE AUS DER PRODUKTIONSTECHNIK

Marius Wenning

Kontextabhängige Anomaliedetektion zur visuellen Hinderniserkennung für automatisierte PKW im End-of-Line-Bereich

Herausgeber:
Prof. Dr.-Ing. T. Bergs
Prof. Dr.-Ing. Dipl.-Wirt. Ing. G. Schuh
Prof. Dr.-Ing. C. Brecher
Prof. Dr.-Ing. R. H. Schmitt

Band 37/2022

WZL | RWTH AACHEN UNIVERSITY

Fraunhofer IPT

Bibliografische Information der Deutschen Nationalbibliothek
Die Deutsche Nationalbibliothek verzeichnet diese Publikation in der Deutschen Nationalbibliografie; detaillierte bibliografische Daten sind im Internet über https://portal.dnb.de abrufbar.

Marius Wenning:

Kontextabhängige Anomaliedetektion zur visuellen Hinderniserkennung für automatisierte PKW im End-of-Line-Bereich

1. Auflage, 2022

Gedruckt auf holz- und säurefreiem Papier, 100% chlorfrei gebleicht.

Apprimus Verlag, Aachen, 2022
Wissenschaftsverlag des Instituts für Industriekommunikation und Fachmedien an der RWTH Aachen
Steinbachstr. 25, 52074 Aachen
Internet: www.apprimus-verlag.de, E-Mail: info@apprimus-verlag.de

Druck: CPI Druckdienstleistungen GmbH, Ferdinand-Jühlke-Straße 7 I 99095 Erfurt

ISBN 978-3-98555-121-7

D 82 (Diss. RWTH Aachen University, 2022)

Danksagung

Die vorliegende Arbeit entstand während meiner Zeit als wissenschaftlicher Mitarbeiter am Werkzeugmaschinenlabor (WZL) der RWTH Aachen. Das spannende Umfeld und die motivierten Kollegen haben diese Arbeit erst möglich gemacht. Der hier gelebte Tatendrang und Innovationsgeist hat mich geprägt und mir wertvolle Eindrücke für meinen weiteren Berufsweg mitgegeben.

Ich möchte daher zunächst Herrn Prof. Dr.-Ing. Dipl.-Wirt. Ing. Günther Schuh für das Vertrauen in meine Person und die Möglichkeit danken, in diesem Umfeld arbeiten zu können. Ebenso danke ich Herrn Prof. Dr.-Ing. Peter Burggräf für die wissenschaftliche Betreuung und Unterstützung während meiner Forschungsreise. Mein Dank gilt auch Prof. Dr.-Ing. Achim Kampker, der mir ermöglichte im Jahr 2017 zunächst am Lehrstuhl Production Engineering of E-Mobility Components (PEM) meine Tätigkeit zu beginnen. Frau Prof. Dr.-Ing. Verena Nitsch danke ich für die Übernahme des Prüfungsvorsitzes und Herrn Prof. Dr.-Ing. Uwe Reisgen für den Prüfungsbeisitz.

Ich möchte mich weiterhin bei meinen Freunden und Kollegen bedanken, ohne die die Arbeit am WZL und am PEM nicht so viel Spaß gemacht hätte. Besonders hervorzuheben sind hier Steffen Hohenstein, Philipp Bickendorf, Kolja Lichtenthäler und Denny Gert.

Außerdem möchte ich mich bei den studentischen Mitarbeitern und Abschlussarbeitern bedanken. Ohne sie wären die Innovationen nicht Realität geworden. Hier seien stellvertretend Jérôme Sandjon, Ludwig Waffenschmidt und Julian Spinrath genannt.

Der größte Dank gilt meiner Familie. Der von ihnen gegebene Rückhalt befähigte mich erst zum Schreiben dieser Arbeit. Ich danke meinen Eltern Ulrike und Volker sowie meinem Bruder Alexander für das Selbstvertrauen und den Rückhalt, den sie mir gegeben haben.

Abstract

For automated driving on company premises of car manufacturers, the cars' protective device needs to be implemented using standard sensor equipment. Built-in mono cameras cannot be used for obstacle detection yet, as existing computer vision algorithms do not provide reliable object detection. The analysis of the computer vision algorithms leads to a specification of requirements for an innovative obstacle detection algorithm. The method of anomaly detection shows inherent advantages compared to existing obstacle detection algorithms. The state of the art includes promising methods. However, anomaly detection has not been tested in the use case of vehicle automation so far.

Therefore, the objective of this thesis is to design a suitable anomaly detection algorithm and to test it in the use case of factory-automated cars. To this end, two data sets are developed. Data from a simulated factory environment is used to develop a performant anomaly detection and to test it against state-of-the-art benchmark algorithms in use case-specific test cases. Real data enables validation of the simulation results and proves the algorithm's practicality. A detailed analysis reveals implicit design rules that should be considered in the development of an anomaly detection for obstacle detection. The classification quality can be improved by taking into account the spacial and temporal context of the processed images. In comparison with state-of-the-art algorithms, the anomaly detection shows a competitive classification quality at only a fraction of required training data. In scenes with high complexity due to illumination, dirt or smoke, the anomaly detection is more robust than the semantic segmentation and the depth estimation. Real world experiments confirm the simulation results and prove practical applicability.

Kurzzusammenfassung

Die automatisierte Fahrt von PKW auf dem Werksgelände des Herstellers erfordert einen Personenschutz auf Basis der Seriensensorik. Verbaute Monokameras können bislang nicht für die Aufgabe der Hinderniserkennung Verwendung finden, da die existierenden Bildverarbeitungsalgorithmen keine zuverlässige Erkennung von Hindernissen erlauben. Durch die Analyse der Bildverarbeitungsmethoden können Anforderungen an eine neuartige Hinderniserkennung formuliert werden. Die Anomaliedetektion stellt eine Algorithmenklasse dar, die verfahrensbedingte Vorteile gegenüber existierenden Methoden aufweist. Der Stand der Wissenschaft beinhaltet vielversprechende Grundlagen, zeigt jedoch auch, dass das Verfahren bislang nicht im Anwendungsfall erprobt wurde.

So lautet die Zielstellung der vorliegenden Arbeit eine geeignete Anomaliedetektion zu entwerfen und diese im Anwendungsfall zu erproben. Dazu werden zwei Datensätze entwickelt. Der Simulationsdatensatz wird verwendet, um zunächst eine leistungsfähige Anomaliedetektion zu entwickeln und diese mit ausgewählten Benchmark-Algorithmen in Anwendungsfall-spezifischen Testfällen zu vergleichen. Der Realdatensatz ermöglicht die Validierung der Simulationsergebnisse und stellt die Praxistauglichkeit unter Beweis. Durch Analyse des Einflusses entscheidender Designoptionen werden implizite Gestaltungsregeln abgeleitet. Durch das Einbeziehen des räumlichen und zeitlichen Kontextes kann die Klassifikationsgüte verbessert werden. Im Vergleich mit dem Stand der Technik liefert die Anomaliedetektion konkurrenzfähige Ergebnisse bei erheblich reduziertem Trainingsaufwand. In Szenen mit erhöhter Komplexität durch Beleuchtungsunterschiede, Fahrbahnverschmutzungen oder Qualm zeigt sie eine höhere Robustheit als die Semantische Segmentierung und die Tiefenbildprädiktion. Die Testergebnisse auf dem Realdatensatz bestätigen die Simulationsergebnisse und zeigen die praktische Anwendbarkeit.

Inhaltsverzeichnis

I. Abkürzungsverzeichnis

Symbol	Einheit	Beschreibung
a	-	Bildbreite in Pixeln
b	-	Bildhöhe in Pixeln
D	-	Anzahl an Dimensionen
e	-	Eulersche Zahl
f_D	-	Wahrscheinlichkeitsdichtefunktion
f_1	-	maximales F-Maß (engl. f1 score)
F_D	-	Verteilungsfunktion
$\mathcal{M}$	-	Mahalanobis-Distanz
$\mathcal{N}$	-	Gauß-Verteilung
N	-	Stichprobengröße
n	-	Laufvariable
p	-	Wahrscheinlichkeit
P	-	Precision (dt. Genauigkeit)
r	-	Variable
R	-	Recall (dt. Sensitivität)
s	-	Variable
t	-	Schwellwert
x	-	Breite der Merkmalskarte
y	-	Höhe der Merkmalskarte
z	-	Tiefe der Merkmalskarte
α	-	Lernschwellwert
η	-	Stutzungsparameter
μ	-	Mittelwert
π	-	Kreiszahl
σ	-	Standardabweichung
Σ	-	Kovarianz-Matrix
γ	-	untere unvollständige Gammafunktion
Γ	-	Gammafunktion
$\mathbb{R}$	-	Menge der reellen Zahlen

Abkürzung	Beschreibung
AD	Anomaliedetektion
AE	Auto Encoder
BD	Balanced Distribution
BRB	Bottleneck Residual Block
BV	Bildvergleich
CNN	Convolutional Neural Net
CRF	Conditional Random Field
DSR	Design Science Research
EOL	End of line
FN(R)	Falsch-Negativ(-Rate)
FP(R)	Falsch-Positiv(-Rate)
FPS	Frames per second (Bildwiederholrate)
FTF	Fahrerloses Transportfahrzeug
FTS	Fahrerloses Transportsystem
GAN	Generative Adversarial Network
GMM	Gaußsches Mischmodell
GPS	Global Positioning System
GW	Grundwahrheit
HOG	Histogram of gradients
ISO	Internationale Organisation für Normung
KNN	Künstliches Neuronales Netz
LKW	Lastkraftwagen
LIDAR	Light detection and ranging
MVG	Multivariate Gauß-Verteilung
OD	Objektdetektion
OEM	Original Equipment Manufacturer
OF	Optischer Fluss
PKW	Personenkraftwagen

Abkürzung	Beschreibung
PL	Performance Level
PR	Precision Recall (-Kurve)
RF	Rezeptives Feld
RGB	Grundfarben Rot, Grün, Blau
RN(R)	Richtig-Negativ(-Rate)
ROC	Receiver Operating Characteristic
RP(R)	Richtig-Positiv(-Rate)
RWTH	Rheinisch Westfälische Technische Hochschule
sog.	sogenannte
SVG	Univariate Gauß-Verteilung
SS	Semantische Segmentierung
TP	Tiefenbildprädiktion
VGG	spezifisches CNN
WZL	Werkzeugmaschinenlabor
ZK	Zeitlicher Kontext

II. Abbildungsverzeichnis

III. Tabellenverzeichnis

1. Einleitung

Die Digitalisierung ist Innovationstreiber in der gesamten technischen Entwicklung. In der Fahrzeugtechnik führt sie zu einer zunehmenden Automatisierung der Fahraufgabe. Dem vollautomatisierten Fahren im Straßenverkehr stehen jedoch weiterhin ungelöste technische und rechtliche Herausforderungen im Wege. Insbesondere der Einsatz maschineller Lernverfahren steht im Widerspruch zu den bislang bewusst einfach gehaltenen Logiken sicherheitskritischer Systeme.[1] Trotz der Herausforderungen erhält durch Fahrerassistenzsysteme immer mehr Elektronik Einzug ins Automobil. Sensoren, digitale Datenverarbeitung und elektrische Aktoren können neben dem Mehrwert den sie im Straßenverkehr schaffen, dazu verwendet werden, die werksinternen PKW-Bewegungen zu automatisieren. Da die Gesetzgebung für den Straßenverkehr auf dem Werksgelände der Fahrzeughersteller (sog. OEM - Original Equipment Manufacturer) nicht gilt, ist das automatisierte Fahren hier grundsätzlich möglich, sofern für eine adäquate Unfallverhütung gesorgt ist.

1.1. Automatisierte PKW im End-of-Line-Bereich

Die heutige werksinterne Fahrzeuglogistik zeichnet sich durch einen hohen Personalaufwand aus. Nach der Endmontage der Fahrzeuge folgt der End-of-Line-Bereich, in dem das Fahrzeug in Betrieb genommen wird. Sobald die PKW fahrbereit sind, werden die darauffolgenden Stationen durch Mitarbeiter manuell angefahren. Nachfolgende Fahrzeugbewegungen können ebenfalls Testfahrten umfassen und enden schließlich auf einem Parkplatz, bis die PKW auf LKW, Züge oder Schiffe verladen werden. Insgesamt werden die PKW bis zum Verkauf etwa 25 Mal manuell bewegt[2]. Die in Abbildung 1.1 dargestellte werksinterne Fahrzeuglogistik stellt den Anwendungsrahmen dieser Arbeit dar.
Die potentiell einsparbaren Personalkosten der Transportvorgänge beim OEM liegen abhängig von den gefahrenen Strecken je Fahrzeug im mittleren einstelligen Eurobereich.[3] Indirekt reduziert die höhere Automatisierung

[1] Cheng et al. (Neural Networks for Safety-Critical Applications - Challenges, Experiments and Perspectives) 2017.

[2] Hjalmarsson-Jordanius et al. (Autonomous Transport: Transforming Logistics through Driverless Intelligent Transportation) 2018.

[3] Wenning et al. (Automated driving for car manufacturers' vehicle logistics) 2020.

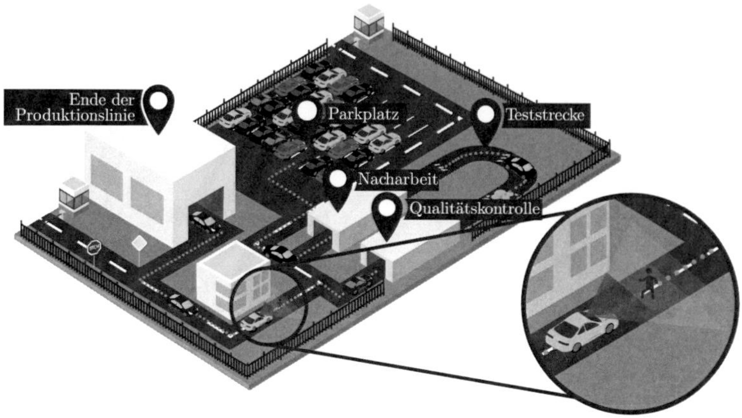

Abbildung 1.1: Anwendungsrahmen des automatisierten PKW-Transports: Die PKW sollen nach dem Ende der Produktionslinie automatisiert die nachfolgenden Stationen anfahren.

zusätzlich die Durchlaufzeit und damit die Kapitalbindung. Ebenso könnten die benötigten Parkflächen sinken.[4]

Während das autonome Fahren im Straßenverkehr bislang eine Vision bleibt, sind im Fabrikumfeld vollautomatisierte Fahrzeuge in Form von Fahrerlosen Transportsystemen (FTS) mit elektronischen Steuerungen seit den 70er Jahren möglich und zugelassen.[5] Als wichtige Unterschiede zwischen Fahrerlosen Transportfahrzeugen (FTF) und vollautomatisierten PKW im Straßenverkehr lassen sich die Geschwindigkeit und die äußeren Betriebsbedingungen nennen. FTF operieren in vollständig kontrollierbarer Umgebung. Durch geschultes Personal, das um die Schwächen der Systeme weiß, wird das von den Fahrzeugen ausgehende Risiko minimiert.[6] Zudem fahren FTF mit Schrittgeschwindigkeit, wenn nicht ausgeschlossen werden kann, dass sich Menschen in der Umgebung aufhalten. Die

[4] Burggräf et al. (Selbstfahrende Pkw in der Distributionslogistik) 2020.

[5] Ullrich et al. (Fahrerlose Transportsysteme: Eine Fibel - mit Praxisanwendungen - zur Technik - für die Planung) 2019, S. 6 f.

[6] Ebd. 2019, S. 116.

niedrige Geschwindigkeit führt dazu, dass das Fahrzeug zu jedem Zeitpunkt den sicheren Zustand des Stillstands einnehmen kann. Das FTF wird ausfallsicher (fail-safe) ausgelegt. Im Gegensatz dazu ist bei einer vollautomatisierten Fahrt bei hohen Geschwindigkeiten auch nach dem Einleiten einer Notbremsung eine sichere Spurführung sicherzustellen.[7] Das vollautomatisierte Fahren benötigt in vielen Situationen ein fehlertolerantes (fail-tolerant) Systemverhalten.[8]
Für die automatisierte Fahrt auf dem Werksgelände müssen folglich die Funktionsumfänge von FTS erfüllt werden. Kernaufgabe einer sicheren Kollisionsvermeidung ist die zuverlässige Erkennung von Hindernissen. Zur Kollisionsvermeidung schreibt die Norm für fahrerlose Flurförderzeuge ISO 3691-4 die Nutzung eines Systems zur Personenerkennung vor.[9] Die in heutigen FTF verwendeten optoelektronischen Schutzeinrichtungen (Laserscanner) erlauben eine zuverlässige Hinderniserkennung, sind jedoch für die Verwendung im Automobil aus ökonomischen Gründen ungeeignet.[10] Um die Kosteneinsparungen der automatisierten Fahrzeugbewegungen heben zu können, muss auf die Seriensensorik der Fahrzeuge zurückgegriffen werden. Technische Lösungen wie ein temporär genutzter Sensorträger oder ein dauerhaft zusätzlich verbauter Sensor sind wirtschaftlich ausgeschlossen. Trotz des hohen Sensorumfangs durch moderne Fahrerassistenzsysteme sind bislang weder Lidar-, Radar- noch Ultraschallsensoren Serienausstattung in allen PKW. Ab dem Jahr 2022 werden in der Europäischen Union jedoch einige Assistenzsysteme für Neuwagen verpflichtend.[11] Die Verordnung umfasst unter anderem den Verbau eines Notfall-Spurhalteassistenten und eines Notbrems-Assistenzsystems. Beide Systeme können auf Basis

---

7 Lenz et al. (Autonomes Fahren: Technische, rechtliche und gesellschaftliche Aspekte) 2015, S. 500 ff.

8 Börcsök (Funktionale Sicherheit: Grundzüge sicherheitstechnischer Systeme) 2015, S. 67.

9 DIN EN ISO 3691-4 (Flurförderzeuge - Sicherheitstechnische Anforderungen und Verifizierung - Teil 4: Fahrerlose Flurförderzeuge und ihre Systeme) 2020, Kap.4.8.2.

10 Wenning et al. (Automated driving for car manufacturers' vehicle logistics) 2020.

11 Europäische Union (Regulation of the European Parliament and of the Council on type-approval requirements for motor vehicles and their trailers, and systems, components and separate technical units intended for such vehicles, as regards their general safety and the protection of vehicle occupants and vulnerable road users: PE-CONS 82/19) 2019, S. 1-7.

einer Monokamera umgesetzt werden[12],[13] sodass zu erwarten ist, dass diese standardmäßig in PKW verbaut werden wird.

1.2. Zielsetzung

Das Ziel der vorliegenden Arbeit ist es eine in PKW verbaute Monokamera zur zuverlässigen Hinderniserkennung zu befähigen. Die existierenden Methoden der Bildverarbeitung ermöglichen keine zuverlässige Erkennungsleistung. Insbesondere Ansätze auf Basis Künstlicher Neuronaler Netze zeichnen sich durch Methoden-immanente Eigenschaften aus, die für die Anwendung in einer sicherheitskritischen Hinderniserkennung ein Risiko darstellen.[14]
Die konzeptionellen Nachteile motivieren den im Anwendungsfall bislang wenig verwendeten Ansatz der Anomaliedetektion. Diese wird lediglich mit hindernisfreien Normaldaten trainiert. Dadurch wird der Entwicklungsaufwand erheblich reduziert und die Erkennung beliebiger Anomalien ermöglicht.
Ziel der Arbeit ist es, eine Machbarkeitsstudie für die Anwendung der Anomaliedetektion im Anwendungsfall der Fahrzeugautomatisierung im End-of-Line-Bereich durchzuführen. Dazu wird ein anwendungsspezifischer Datensatz entwickelt. Dieser beinhaltet Herausforderungen der Produktionsumgebung und adressiert die Schwachstellen bestehender Bildverarbeitungsalgorithmen. Die auf dem Datensatz durchgeführten Untersuchungen befähigen zur Ableitung impliziter Gestaltungsregeln. Diese umfassen die Gesamtarchitektur, die darin enthaltenen Teilmodelle und die Parametrierung. Um einen leistungsfähigeren Klassifikator zu erhalten, soll die Anomaliedetektion bei der Klassifizierung der wahrgenommenen Szene den Kontext der eigenen Position mit einbeziehen. Der entwickelte Bildverarbeitungsalgorithmus wird schließlich mit bestehenden Methoden der Bildverarbeitung verglichen. Die Evaluierung erlaubt es Vor- und Nachteile der entwickelten Anomaliedetektion herauszustellen und zeigt die Detektionsgrenzen der Methode auf.

---

12 Vgl. Hakuli et al. (Handbuch Fahrerassistenzsysteme: Grundlagen, Komponenten und Systeme für aktive Sicherheit und Komfort) 2015, S. 941.

13 Vgl. Klappstein (Optical-Flow Based Detection of Moving Objects in Traffic Scenes) 2008.

14 Cheng et al. (Neural Networks for Safety-Critical Applications - Challenges, Experiments and Perspectives) 2017.

1.3. Forschungskonzeption

Die Wissenschaftssystematik nach ULRICH und HILL[15] unterteilt die Wissenschaft in die *Formal-* und *Realwissenschaften*, vgl. Abbildung 1.2. Die Formalwissenschaften wie die Mathematik und die Philosophie befassen sich mit Zeichensystemen, die in der Realtität nicht erlebbar sind. Demgegenüber beleuchten die Realwissenschaften einen Ausschnitt der Wirklichkeit, der empirisch wahrnehmbar ist. Die Realwissenschaften können anhand ihrer Motivation weiter unterteilt werden. In den *Grundlagenwissenschaften* wie Physik, Chemie und Biologie sollen Modelle einen gewählten Realitätsausschnitt möglichst gut beschreiben. Es handelt sich um *Erklärungsmodelle*.

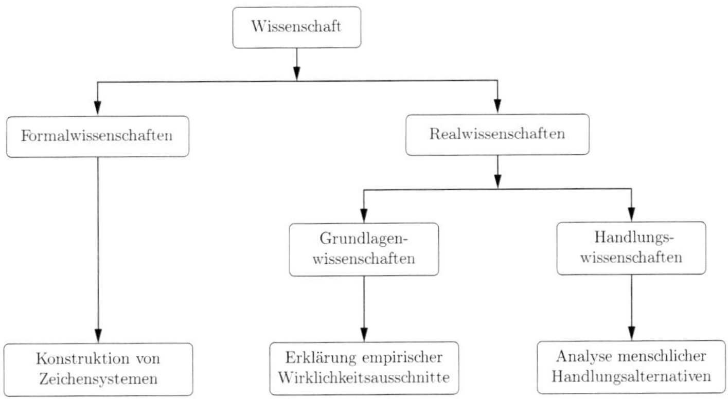

Abbildung 1.2: Wissenschaftssystematik nach ULRICH und HILL[16]: Die vorliegende Arbeit lässt sich den angewandten Handlungswissenschaften zuordnen.

In den angewandten Handlungswissenschaften werden der Praxis entstammende Probleme zu lösen versucht. Die Forschung beinhaltet daher die

[15] Ulrich et al. (Wissenschaftstheoretische Grundlagen der Betriebswirtschaftslehre) 1976.

[16] Eigene Abbildung in Anlehnung an ebd. 1976

Analyse menschlicher Handlungsalternativen. Das Regulativ der angewandten Forschung sind damit ebenfalls der Praxis entstammende Nutzenkriterien wie die Energieeffizienz oder die Zuverlässigkeit. Dadurch beschreibt ULRICH die angewandte Forschung als niemals wertfrei und als stets interdisziplinär. Als Resultat der angewandten Forschung helfen *Entscheidungsmodelle* technische und soziale Systeme zu gestalten. Neben den Sozialwissenschaften lassen sich auch die Ingenieurswissenschaften wie der Maschinenbau oder die Elektrotechnik den angewandten Handlungswissenschaften zuordnen.[17]
Die vorliegende Arbeit lässt sich ebenfalls den angewandten Handlungswissenschaften zuordnen. Die Motivation der automatisierten Fahrt auf dem Werksgelände entspringt der Produktionstechnik. Das Regulativ für die Gestaltung des Produktionssystems ist hierbei die Produktionseffizienz und die Zuverlässigkeit des sicherheitskritischen Systems. Die ingenieursmäßigen Gestaltungsoptionen fallen in den Bereich der Automatisierungstechnik, die sich in der Schnittmenge des Maschinenbaus, der Elektrotechnik und der Informatik befindet. Der Schwerpunkt der Arbeit liegt auf der zur Zielerreichung verwendeten Bildverarbeitung, die der angewandten Informatik zuzuordnen ist. Die vorliegende Arbeit gliedert sich daher in das interdisziplinäre Forschungsfeld der Produktionstechnik, der Automatisierungstechnik und der angewandten Informatik ein.

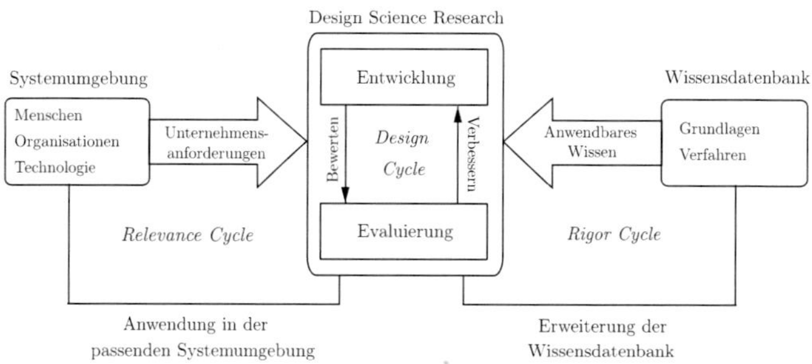

Abbildung 1.3: Forschungsmethodik *Design Science Research* nach HEVNER[18]: Die Forschung findet in drei eng verknüpften Kreisläufen statt.

[17] Ulrich (Anwendungsorientierte Wissenschaft) 1982.
[18] Eigene Abbildung in Anlehnung an A. Hevner (A Three Cycle View of Design Science Research) 2007

In der Erforschung informationstechnischer Systeme hat sich die Forschungsmethodik *Design Science Research* (DSR) [19] nach HEVNER[20] etabliert, die auch für die vorliegende Arbeit Verwendung finden soll. DSR beschäftigt sich mit der Entwicklung von Artefakten (z.B. Software) zur Verbesserung sozio-technischer Systeme. Die Methodik beginnt bei der Erfassung praxisrelevanter Probleme. Dies geschieht im *Relevance Cycle*, bei dem die Systemumgebung betrachtet wird und Anforderungen an die Lösung abgeleitet werden. Im *Rigor Cycle* werden problemrelevante Theorien, Verfahren und existierende Artefakte analysiert, bevor im *Design Cycle* das Artefakt entwickelt und evaluiert wird. Die Betrachtung von DSR als drei eng miteinander verbundene Kreisläufe (vgl. Abbildung 1.3) leitet sich aus dem Umstand ab, dass der Entwicklungsprozess iterativ abläuft. So führen nicht erreichte Anforderungen aus der Evaluation im Design Cycle zu einer Umgestaltung des Artefakts. Im Rigor Cycle werden die generierten Erkenntnisse an die Wissenschaftsgemeinschaft zurückgespielt und im Relevance Cycle wird schließlich die Praxis-Eignung des Artefakts getestet.

1.4. Aufbau der Arbeit

Der Aufbau der vorliegenden Arbeit orientiert sich an der von GREGOR und HEVNER[21] vorgeschlagenen Struktur für wissenschaftliche Arbeiten, deren Ergebnisse auf der DSR-Methodik beruhen.

- In der Einleitung wurde die produktionstechnische Problemstellung des automatisierten PKW-Transports erörtert. Aus ihr ergibt sich die Zielsetzung der visuellen Hinderniserkennung dieser Arbeit.

- Im nachfolgenden Kapitel 2 wird der Stand der Technik und Forschung erfasst. Dazu werden zunächst Klassen von Bildverarbeitungsalgorithmen vorgestellt, die ebenfalls als Hinderniserkennung eingesetzt werden können. Nach Herausarbeiten der Vor- und Nachteile dieser Algorithmen wird der Ansatz der Anomaliedetektion vertieft. Hier wird der Stand der Forschung und insbesondere Anwendungen auf verwandte Problemstellungen vorgestellt.

---

[19] In der Informatik wird ebenfalls der Begriff *Constructive Research* verwendet.

[20] Hevner et al. (Design Science in Information Systems Research) 2004.

[21] Gregor et al. (Positioning and Presenting Design Science Research for Maximum Impact) 2013.

- In Kapitel 3 wird der Stand der Technik in Bezug zum Praxisproblem gesetzt. Der Forschungsbedarf wird herausgearbeitet und die Lösungshypothesen aufgestellt. Es werden formale und inhaltliche Anforderungen an die Lösung formuliert.
- In Kapitel 4 werden die verwendeten Methoden in dieser Arbeit erläutert. Dies umfasst die Architektur und die einzelnen Designoptionen der Anomaliedetektion. Es kommen Künstliche Neuronale Netze, verschiedene Anomaliemodelle und die Modellierung der Kontextabhängigkeit zum Einsatz.
- In Kapitel 5 werden die verwendeten Datensätze erläutert, auf Basis derer die Anomaliedetektion im Anwendungsfall evaluiert wird. Das Kapitel beschreibt die Eigenschaften des Simulationsdatensatzes sowie des Realdatensatzes. Das Kapitel liefert zudem Implementierungsdetails zur Anomaliedetektion und den Vergleichsalgorithmen.
- Auf Basis des Simulationsdatensatzes wird in Kapitel 6 ein leistungsfähiger Klassifikator ausgewählt. Der Vergleich der Designoptionen liefert Entwicklern implizite Regeln zur Gestaltung von Anomaliedetektionen zur Erkennung von Hindernissen.
- Die detaillierte Evaluierung der entwickelten Anomaliedetektion findet in Kapitel 7 statt. Der zuvor gefundene Klassifikator wird dazu in herausfordernden Szenarien mit einer Tiefenbildprädiktion und einer Semantischen Segmentierung verglichen. Schließlich folgen Feldversuche auf Realdaten, die die Eignung der Modelle im Anwendungszusammenhang bestätigen.
- Zum Schluss der Arbeit in Kapitel 8 werden die Ergebnisse der Arbeit zusammengetragen. Die Entwicklung einer visuellen Hinderniserkennung wird im Kontext der funktionalen Sicherheit und deren Nachweis diskutiert. Im Ausblick werden abschließend weiterführende Forschungsfragen aufgezeigt.

2. Bestehende Ansätze der visuellen Hinderniserkennung

Im vorliegenden Kapitel soll die Wissensbasis für die Entwicklung der Hinderniserkennung geschaffen werden. Hierfür werden die der Praxis entstammenden Anforderungen an die Hinderniserkennung ausgeführt. Sie bilden die Grundlage für die Analyse der bestehenden Bildverarbeitungsmethoden. Es werden zunächst die Methoden erläutert, die bereits vielfach für den Anwendungsfall der Hinderniserkennung erprobt wurden. Durch Aufdecken der methodischen Defizite dieser Methoden, werden Anforderungen an die Hinderniserkennung und an den zu entwickelnden Validierungsdatensatz gestellt. Nachdem die methodischen Vorteile der Anomaliedetektion im Anwendungsfall dargelegt wurden, wird deren Stand der Forschung detailliert dargelegt.

2.1. Aufgabenstellung im Kontext des End-of-Line-Bereichs

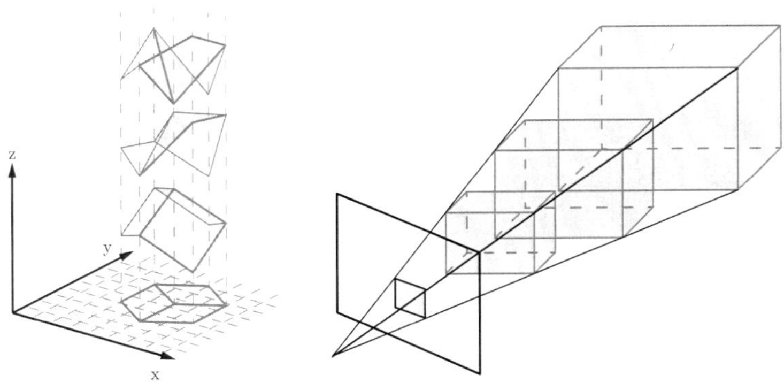

Abbildung 2.1: Eine zweidimensionale Abbildung ist geometrisch konsistent mit beliebig vielen dreidimensionalen Geometrien (links).[22] Ist die Größe eines Objektes unbekannt, kann dieses beliebige Entfernungen haben (rechts).

[22] Eigene Abbildung in Anlehnung an Sinha et al. (Verifying the 'consistency' of shading patterns and 3-D structures)

Damit automatisierte Fahrzeuge vor Hindernissen sicher anhalten können, werden üblicherweise Sensoren verwendet, die einen Abstand zu umgebenden Objekten direkt durch eine Messung bestimmen können. Dies ist bei einer Kamera nicht der Fall. Die durch eine Kamera wahrgenommenen Farbinformationen geben nur indirekt einen Rückschluss auf die räumliche Gestalt. Das zweidimensionale Abbild der Realität ist geometrisch konsistent mit unendlich vielen räumlichen Geometrien, vgl. Abbildung 2.1, links.[23] Die Mehrdeutigkeit der flachen Abbildung führt dazu, dass ein Objekt, dessen Größe unbekannt ist, in einem beliebigen Abstand zur Kamera stehen kann, vgl. Abbildung 2.1, rechts.
Durch visuelle Hinweise ist der Mensch jedoch in der Lage aus zweidimensionalen Abbildungen auf die räumliche Gestalt zu schließen. Der Schattenwurf, die Textur der Objekte, der Fokus, die Perspektive und die Bewegung der Objekte lassen Rückschlüsse auf die dreidimensionale Geometrie der Szene zu.[24] Die visuellen Hinweise sind jedoch nicht mehr als Anhaltspunkte, die die wahrgenommene Geometrie wahrscheinlich machen. Das zeigen die vielen optischen Illusionen, die mittels irreführender, visueller Hinweise einen falschen räumlichen Eindruck erzeugen. Abbildung 2.2 zeigt zwei Beispiele für solche Illusionen.

Abbildung 2.2: Illusion falscher Größe und Entfernung (links) und räumliche Illusion durch Perspektive und Schattenwurf (rechts).[25]

Neben der Mehrdeutigkeit des Bildverarbeitungsproblems zeichnet sich die Aufgabenstellung durch die Komplexität des Anwendungsfalls aus.

23 Sinha et al. (Verifying the 'consistency' of shading patterns and 3-D structures).
24 Szeliski (Computer vision: Algorithms and applications) 2011, S.508.
25 drweb.de (Erzwungene Perspektive) 2021; apartmenttherapy.com (Crosswalk in Iceland) 2021

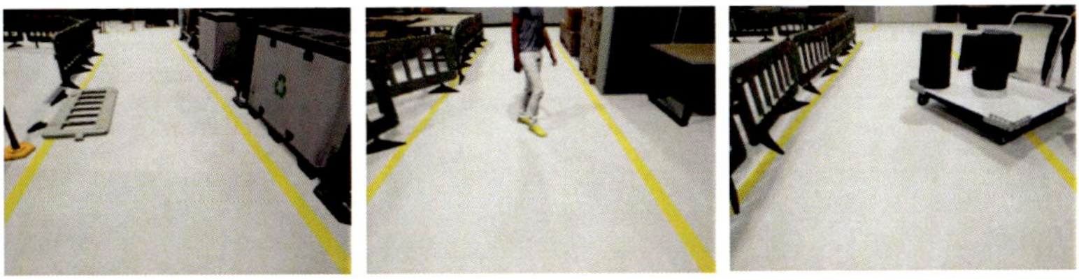

Abbildung 2.3: Visuell komplexe Produktionsumgebung: Exemplarisches Sichtfeld einer auf einem Fahrzeug montierten Kamera.

Abbildung 2.3 zeigt ein Beispiel für das Sichtfeld einer Fahrzeug-montierten Kamera im Innenbereich der Produktion. Die Umgebung weist eine hohe visuelle Komplexität auf. Während der Bodenbelag gleichmäßig aussieht, erhöhen ganz unterschiedliche Objekte am Rand oder in der Fahrbahn die Komplexität.

Hindernisse Ein Personenschutz erfordert, dass insbesondere Menschen vor dem Fahrzeug zuverlässig erkannt werden. Diese müssen in beliebiger Kleidung und unabhängig von ihrer Pose erkannt werden. Auch dürfen teilweise Verdeckungen des Menschen die Hinderniserkennung nicht beeinträchtigen. Die Erkennung muss weitgehend unabhängig von der Objektgröße, Auflösung und dem Blickwinkel der Kamera sein.[26]
Für die Erkennung von Gegenständen gelten nicht die Anforderungen der technischen Sicherheit. Um trotzdem auch Sachschäden vermeiden zu können, muss eine Hinderniserkennung produktionstypische Spezialfälle abdecken. Kritische Hindernisse sind schwebende Objekte, beispielsweise durch einen Kran oder einen Gabelstapler angehobene Objekte.[27]

Betriebsbedingungen Die industrielle Umgebung des Fahrzeugs unterscheidet sich maßgeblich von dem öffentlichen Straßenverkehr. Die Umweltbedingungen können auch in der industriellen Umgebung variieren. Insbesondere die Beleuchtungsstärke ist im Außen- und Innenbereich von zentraler Bedeutung für ein Kamera-basiertes System. Sofern die Fahrzeuge

[26] Lenz et al. (Autonomes Fahren: Technische, rechtliche und gesellschaftliche Aspekte) 2015, S. 421.

[27] Diese werden von aktuellen Personenschutzeinrichtungen nicht erkannt. Ullrich et al. (Fahrerlose Transportsysteme: Eine Fibel - mit Praxisanwendungen - zur Technik - für die Planung) 2019, S. 59.

im Außenbereich fahren, ist ebenfalls mit unterschiedlichen Niederschlägen zu rechnen. Im Unterschied zum öffentlichen Straßenverkehr können die Umweltbedingungen jedoch jederzeit von einem Bediener überwacht werden. Der geschulte Bediener kann bei einem Risiko durch unsichere Betriebsbedingungen den Betrieb der automatisierten Fahrzeuge einstellen. Dem öffentlichen Straßenverkehr gegenüber sind außerdem weniger komplexe Verkehrssituationen zu erwarten. Die Fahrzeuge bewegen sich auf zuvor bekannten Verkehrswegen. Die zu treffende Entscheidung ist binär – anhalten oder weiterfahren.

Fahrzeuggeschwindigkeit Die Geschwindigkeit von Fahrerlosen Transportfahrzeugen ist auch für die automatisierte Fahrzeuglogistik ausreichend. Diese beträgt üblicherweise 1 m/s.[28] Die Maximalgeschwindigkeit hängt von der Größe des Schutzfeldes der Personenschutzeinrichtung ab.[29] Während sie bei Fahrerlosen Transportsystemen möglichst hoch sein soll, um eine hohe Transportleistung zu garantieren,[30] ist dies in der automatisierten Fahrzeuglogistik nicht notwendig. Die PKW transportieren stets nur sich selber. Die Geschwindigkeit darf daher geringer sein, wenn es für den Personenschutz dienlich ist.

2.2. Klassische Methoden der Bildverarbeitung zur Hinderniserkennung

Die menschliche Interpretation von Bildern auf den Computer zu übertragen, stellt eine ungelöste Herausforderung dar. Sie ist daher Gegenstand aktueller Forschung.[31] Die nachfolgenden Methoden machen sich unterschiedliche Bildeigenschaften zu Nutze, um Hindernisse zu erkennen. Durch Nutzung der visuellen Hinweise sind der Optische Fluss und die Tiefenbildgenerierung mittels Künstlicher Neuronaler Netze (KNN) in der Lage die Tiefe des gesamten Bildbereichs zu rekonstruieren. Die Objektdetektion mittels Künstlicher Neuronaler Netze, sowie die Objekterkennung durch

[28] Ullrich et al. (Fahrerlose Transportsysteme: Eine Fibel - mit Praxisanwendungen - zur Technik - für die Planung) 2019, S. 117.

[29] Ebd. 2019, S. 57.

[30] Ebd. 2019, S. 27.

[31] Funke et al. (Five Points to Check when Comparing Visual Perception in Humans and Machines) 2020.

den direkten Abgleich zweier Bilder hingegen, ermöglichen eine Hinderniserkennung ohne räumliche Rekonstruktion. Die genannten Methoden werden in den folgenden Abschnitten auf ihre Stärken und Schwächen analysiert, um die Eigenschaften eines Algorithmus zur zuverlässigen Hinderniserkennung zu bestimmen.

2.2.1. Optischer Fluss

Der Optische Fluss eines Bildes ist definiert als die Bewegung von Objekten oder Helligkeitsmustern in visuellen Szenen.[32] Ein Rückschluss auf die räumliche Gestalt wird möglich, da die Entfernung Einfluss auf die scheinbare Bewegung von Objekten im Bild hat. In einer statischen Umgebung nimmt ein bewegtes Subjekt in der Ferne liegende Objekte als weniger bewegt wahr.
Je nach verwendetem Modell kann der Optische Fluss für bestimmte Merkmalspunkte oder für jeden einzelnen Pixel berechnet werden, indem diese im nachfolgenden Bild gesucht werden. Das Auffinden desselben Elements in zwei unterschiedlichen Bildern – das sog. *Korrespondenzproblem* – ist ein fundamentales Problem der Bildverarbeitung. Um das Korrespondenzproblem zu lösen, nutzen HORN und SCHUNCK drei Annahmen. Erstens wird angenommen, dass die Szene eine konstante Pixelintensität in jedem Bildrahmen aufweist. Zweitens ist die Bildwiederholrate ausreichend hoch, damit die Bewegungen zwischen zwei aufeinanderfolgenden Bildrahmen gering ist. Drittens wird angenommen, dass die Bewegung örtlich kohärent ist, sich also benachbarte Pixel ähnlich bewegen.[33]
Einen modernen Ansatz zur Hinderniserkennung auf Basis des Optischen Flusses liefern ZHOU und LI.[34] Sie verwenden ausgewählte Merkmalspunkte um eine Transformationsmatrix für die Kamerabewegung zu berechnen. Unter der Annahme, dass die dominanten Merkmale zum Fahruntergrund gehören, können Abweichungen davon als Hindernis klassifiziert werden. KLAPPSTEIN entwickelt ein ähnliches Verfahren als automobiles Fahrerassistenzsystem. Dabei macht er sich den homogenen Optischen Fluss im

---

[32] Horn et al. (Determining optical flow) 1981.
[33] Ebd. 1981.
[34] Zhou et al. (Robust Ground Plane Detection with Normalized Homography in Monocular Sequences from a Robot Platform).

Autobahnverkehr zu Nutze. Er untersucht Detektionsgrenzen und analysiert, welche Relativgeschwindigkeiten zu Unfällen führen können.[35]

Abbildung 2.4: Hinderniserkennung mittels des Optischen Flusses; Methode nach MOLINEROS et al.[36]: Detektion aufgrund der perspektivischen Transformation nur unterhalb der Linie möglich. Gute Erkennung der Leiter (links), nicht fehlerfreie Erkennung des Menschen (mitte), Robustheit gegenüber flachen Objekten (rechts).

Neben der Verwendung als Notbremsassistent wird der Optische Fluss als Hinderniserkennung für Rückfahrkameras eingesetzt. Die Methode von MOLINEROS et al. zeigt, dass auch bei geringeren Geschwindigkeiten Hindernisse erkannt werden. Die mit einer Roboterplattform aufgezeichneten Bilder werden im beschriebenen Verfahren zunächst in die Vogelperspektive transformiert. Dort werden die Bewegungsvektoren des Optischen Flusses berechnet. Nach Abzug der Eigenbewegung verbleiben die Hindernisse im Bild. Die invers-perspektivische Transformation deckt bei dem Verfahren Objekte auf, die nicht in der Ebene des Untergrunds liegen. So können Markierungen auf dem Boden von dreidimensionalen Objekten unterschieden werden.[37]

Abbildung 2.4 zeigt die Erkennung innerhalb der Fabrik mithilfe des Verfahrens. Die waagerechte Linie stellt die Detektionsgrenze dar. Eine Detektion im gesamten Bild ist aufgrund der invers-perspektivischen Transformation nicht möglich.[38] Während die Leiter gut erkannt wird und das Verfahren robust gegenüber in der Ebene liegenden Auffälligkeiten (Markierungen,

---

[35] Klappstein (Optical-Flow Based Detection of Moving Objects in Traffic Scenes) 2008.

[36] Molineros et al. (Monocular Rear-View Obstacle Detection Using Residual Flow) 2012

[37] Ebd. 2012.

[38] Der Horizont eines Bildes wäre in der Vogelperspektive unendlich weit entfernt.

Karton) ist, wird der Mensch nur unzureichend erkannt. Ebenfalls ist an der Kiste im mittigen Bild zu sehen, dass Objekte ohne Textur nicht ausreichend erkannt werden.
Sofern die von HORN und SCHUNCK getroffenen Annahmen nicht gerechtfertigt sind, scheitert die Hinderniserkennung mittels des Optischen Flusses. Beleuchtungswechsel werden fälschlicherweise als Bewegungen erkannt, wenig textuierte Objekte können durch die fehlenden Merkmalspunkte nicht verfolgt werden und durch die Annahme der kleinen Bewegungen kann es vorkommen, dass schnell bewegte Objekte nicht erkannt werden, weil die korrespondierenden Bildpunkte nicht gefunden werden. Die leistungsfähigsten Methoden zur Schätzung des Optischen Flusses verwenden KNN.[39] Die von den KNN gewählten Merkmalspunkte reduzieren fehlerhafte Korrespondenzen. Die Methoden weisen prinzipiell jedoch noch die gleichen Schwächen auf.

2.2.2. Bildklassifizierung

Die Bildklassifizierung bietet die Möglichkeit Hindernisse anhand eines einzelnen Bildes zu erkennen. Dazu erlernt ein Algorithmus anhand eines annotierten Trainingsdatensatzes, welche Merkmale ein Hindernis ausmachen. HAKULI et al. untersuchen die Leistungsfähigkeit einer Kamera-basierten Fußgängererkennung im Straßenverkehr. Dazu verwenden sie Haar- und HOG-Merkmale, die sie mit Support Vector Machines und AdaBoost klassifizieren. Die Analyse mittels ROC-Kurven zeigt, dass die Zuverlässigkeit der Verfahren nicht ausreichend ist.[40] Bei den verwendeten Haar- und HOG-Merkmalen handelt es sich um handgemachte Merkmale. Moderne Methoden der Objekterkennung basieren auf Künstlichen Neuronalen Netzen, die sowohl die Merkmalsextraktion, als auch die Klassifikation implementieren.
Mit YOLO stellen REDMON et al.[41] einen hochperformanten Algorithmus vor, der diverse Klassen in Bildern detektieren kann. Jedoch ist die Detektion trainierter Klassen für die Hinderniserkennung ungeeignet, da nicht alle denkbaren Hindernisse während des Trainings bekannt sind. Ein geeigneter Algorithmus muss in der Lage sein, zuvor unbekannte Hindernisse zu detektieren.

[39] Ren et al. (A Fusion Approach for Multi-Frame Optical Flow Estimation) 2018.
[40] Hakuli et al. (Handbuch Fahrerassistenzsysteme: Grundlagen, Komponenten und Systeme für aktive Sicherheit und Komfort) 2015, S. 421 ff.
[41] Redmon et al. (You only look once: Unified, real-time object detection) 2016.

Abbildung 2.5: Hinderniserkennung mittels semantischer Segmentierung; Methode nach RONNEBERGER et al.[42]: Erkennung von flachen Objekten (links), nicht fehlerfreie Erkennung eines Menschen (mitte), nicht ausreichende Erkennung einer grauen Tafel (rechts).

Die semantische Segmentierung nimmt die Klassifizierung eines jeden Bildpixels vor. So könnte die Logik der Hinderniserkennung invertiert werden. Die semantische Segmentierung klassifiziert den vor dem Fahrzeug liegenden Untergrund als *frei von Hindernissen*. Jede Abweichung vom trainierten Untergrund könnte dann ein Hindernis sein.
LONG et al.[43] wandelten zuerst den Bildklassifkator VGG-16[44] in ein Fully Convolutional Network um. Sie ersetzten die hinteren Fully Connected Layer (dt. voll-vernetzten Schichten) von VGG-16 durch weitere Convolutional Layer und ergänzten Deconvolutional Layer um die Ausgangsauflösung wiederherzustellen. Mit der damit realisierten Auto-Encoder-Architektur war das KNN so in der Lage die Bildinformation in ein niederdimensionales Encoding zu übersetzen und schließlich wieder auf die Ausgangsgröße zu bringen. Das Resultat ist eine Wahrscheinlichkeit der Klassenzugehörigkeit für jeden Pixel. Weitere Entwicklungen wie U-Net[45] und SegNet[46] verbesserten die Qualität der Objektkonturen basierend auf der Auto-Encoder-Architektur. Die Entwicklung der Generative Adversarial Networks liefert

[42] Ronneberger et al. (U-Net: Convolutional Networks for Biomedical Image Segmentation) 2015

[43] Long et al. (Fully Convolutional Networks for Semantic Segmentation) 2015.

[44] Simonyan et al. (Very Deep Convolutional Networks for Large-Scale Image Recognition) 2014.

[45] Ronneberger et al. (U-Net: Convolutional Networks for Biomedical Image Segmentation) 2015.

[46] Badrinarayanan et al. (SegNet: A Deep Convolutional Encoder-Decoder Architecture for Image Segmentation) 2017.

schließlich die höchste Genauigkeit der Segmentierung.[47]
Abbildung 2.5 zeigt die semantische Segmentierung im Fabrikumfeld mittels der U-Net-Architektur nach RONNEBERGER et al. Erkennbar ist eine weitgehend korrekte Klassifizierung aller Hindernisse in der Fabrikumgebung. Die auf Boden liegende Tafel jedoch ähnelt zu sehr dem Untergrund und wird so bis auf die Ränder nicht erkannt. Denkbar wäre ebenso ein Mensch mit einer hellgrauen Jacke mit gelben Streifen. Ein so gekleideter Mensch läuft Gefahr durch den Algorithmus als Untergrund klassifiziert werden.
Zudem generalisiert die Bildklassifizierung mittels des überwachten Lernens auf Grundlage eines Trainingsdatensatzes. Die Reaktion eines KNN auf ein unbekanntes Objekt oder ein bekanntes Objekt in unbekannter Konfiguration kann nicht vorhergesehen werden. Fehlklassifikationen können rein zufällig auftreten, werden aber durch spiegelnde Oberflächen, ungewöhnliche Objektabmessungen oder ungewöhnliches Aussehen provoziert.[48]
KNN sind außerdem empfindlich gegenüber sogenannten Adversarial Attacks. Dabei werden die Bilder mit einer Perturbation beaufschlagt, die für das menschliche Auge unsichtbar ist, im KNN jedoch zu einer Fehlklassifikation führt. Auch komplexe KNN zur semantischen Segmentierung sind vulnerabel gegenüber diesen Attacken.[49]

2.2.3. Tiefenbildprädiktion

Die Rekonstruktion dreidimensionaler Geometrien aus zweidimensionalen Bildern stellt durch die Mehrdeutigkeit (vgl. Abschnitt 2.1) eine Herausforderung dar. EIGEN et al. verwendeten erstmals ein Convolutional Neural Network (CNN), das die visuellen Hinweise im Bild zur Rekonstruktion der Tiefeninformation verwendet. In einem zweiteiligen neuronalen Netz wird zunächst mittels großer Convolutions und Strides die Szenentiefe auf einem groben Level bestimmt. Der zweite Teil des Algorithmus verfeinert anschließend die grobe Schätzung zu einem fein aufgelösten Tiefenbild. Der Algorithmus wird mittels überwachtem Lernen auf RGB-D-Bildern

---

47 Zhang et al. (SegGAN: Semantic Segmentation with Generative Adversarial Network) 2018.

48 Noh et al. (Learning Deconvolution Network for Semantic Segmentation) 2015.

49 Arnab et al. (On the Robustness of Semantic Segmentation Models to Adversarial Attacks) 2017.

trainiert.[50]
Aufbauend auf der Arbeit von EIGEN et al. konnte die Schätzungsgenauigkeit mithilfe von neuen Verlustfunktionen und Architekturen erhöht werden.[51] Die Auto-Encoder-Architektur verspricht trotz vieler Convolutional Layer hochaufgelöste Tiefenbilder. Dabei wird das Eingangsbild im Encoder durch die Faltungen des neuronalen Netzes in eine niedrigdimensionale Repräsentation übersetzt. Im Decoder-Teil des neuronalen Netzes wird die Ursprungsauflösung wiederhergestellt. ALHASHIM und WONKA erzielen den Stand der Technik mit einem vortrainierten neuronalen Netz als Encoder.[52]

Abbildung 2.6: Hinderniserkennung mittels Tiefenbildschätzung; Methode nach ALHASHIM und WONKA[53]: Szenenüberblick (links), Kamerabild (mitte), Tiefenschätzung mit fehlerhafter Schätzung bei den Gabelstaplerzinken (rechts).

VAN DIJK und DE CROON untersuchen, welche visuellen Hinweise für die Tiefenschätzung verwendet werden. Dazu variieren sie das Aussehen und die Position der Objekte in den Testbildern. Sie finden heraus, dass die vertikale Position der Objekte im Bild ausschlaggebend ist. Insbesondere der Punkt an dem das Objekt auf dem Untergrund steht und der dazugehörige Schattenwurf bestimmen die Güte der Tiefenschätzung. Fehlende Schatten oder schwebende Objekte können dazu führen, dass das Objekt dem Hintergrund zugeordnet wird. Die Größe des Objekts oder das Vorkommen im Trainingsdatensatz scheinen nicht entscheidend. VAN DIJK

[50] Eigen et al. (Depth Map Prediction from a Single Image using a Multi-Scale Deep Network) 2014.

[51] Zhao et al. (Monocular depth estimation based on deep learning: An overview) 2020.

[52] Alhashim et al. (High Quality Monocular Depth Estimation via Transfer Learning) 2018.

[53] ebd. 2018

und DE CROON platzieren Kühlschränke auf Straßen, für die die Schätzung korrekt gelingt, sofern der Kontaktpunkt und ein Schatten existiert. Jedoch können Objekte als weitentfernter Hintergrund klassifiziert werden. Solche Fehlinterpretationen können auftreten, wenn das Aussehen der Objekte dem Horizont ähnelt.[54]
Abbildung 2.6 zeigt die Tiefenbildprädiktion nach ALHASHIM und WONKA angewendet auf eine Szene in der Fabrikumgebung. Das Verfahren liefert in weiten Teilen eine korrekte Prädiktion, zeigt im Falle der Gabelstaplerzinken jedoch auch die von VAN DIJK und DE CROON gemachten Beobachtungen. Den Zinken fehlt der Kontaktpunkt zum Boden, sodass die Entfernung fehlerhaft geschätzt wird. Es käme zu einer Kollision. Ähnliche Probleme sind bei schwebenden Objekten durch Krane zu erwarten. Der benötigte Schattenwurf von Hindernissen könnte durch diffuses Licht stark reduziert sein und so zu gefährlichen Situationen führen.

2.2.4. Direkter Bildvergleich

Der Optische Fluss sowie die Tiefenbildgenerierung mittels KNN nutzen die visuellen Hinweise um eine Tiefeninformation zu schätzen. Aufgrund der beschriebenen Probleme kann die Berechnung des Abstands zu den umgebenden Objekten fehlschlagen oder Irrtümern unterliegen. Die semantische Segmentierung ist empfindlich gegenüber Verwechselungen.
Bei der Hintergrundsubtraktion (engl. *background subtraction*) wird ein Referenzbild verwendet, von dem bekannt ist, dass kein Hindernis enthalten ist. Durch Subtraktion des Referenzbildes von dem aktuell wahrgenommenen, können Abweichungen berechnet werden. Das Verfahren wird auch als Video Alignment bezeichnet. Hierbei handelt es sich nicht um eine Tiefeninformation, sondern lediglich um Abweichungen von einem hindernisfreien Bild. Liegen die Abweichungen über einem Schwellwert, befindet sich ein Hindernis im Bild.
Erfolgreich wird das Verfahren bei statischen Kameras eingesetzt.[55] Bewegte Kameras erschweren die Bestimmung des Referenzbildes. MUKOJIMA et al. verwenden ein Verfahren, das die Hintergrundsubtraktion nutzt, bei einer auf einem Zug montierten Frontkamera zur Erkennung von Menschen

54 van Dijk et al. (How do neural networks see depth in single images?) 2019.

55 Garcia-Garcia et al. (Background subtraction in real applications: Challenges, current models and future directions) 2020.

im Gleisbett.[56] Dabei werden die zu überprüfenden Kamerabilder mit einer zuvor aufgezeichneten Videosequenz verglichen. Mithilfe einer zeitlichen und örtlichen Zuordnung wird das am besten geeignete Referenzbild ausgewählt und eine Subtraktion der Pixelwerte durchgeführt. DA SILVA et al. nutzen für einen schienengebundenen Roboter das Verfahren *Dynamic Time Warping* um die Anomalien in den zu vergleichenden Videosequenzen zu finden.[57] Weitere Veröffentlichungen verwenden komplexe Matrixfaktorisierungen,[58] traditionelle Bildmerkmale[59] und GPS-Positionen[60] um die Bilder zuzuordnen. Ist das korrespondierende Referenzbild gefunden, werden traditionelle oder deep-learning basierte Hintergrundsubtraktionen durchgeführt. Dabei versprechen abstraktere Bildmerkmale, die von KNN extrahiert werden, eine erhöhte Robustheit.[61]

Abbildung 2.7: Hinderniserkennung mittels Hintergrundsubtraktion; Methode in Anlehnung an MUKOJIMA et al.[62]: Hindernisfreies Referenzbild (links), Bild mit Hindernis (mitte), Differenzbild (rechts).

Abbildung 2.7 zeigt das Ergebnis einer Hintergrundsubtraktion. Da die Person im Referenzbild nicht zu sehen war, wird diese zuverlässig erkannt.

[56] Mukojima et al. (Moving camera background-subtraction for obstacle detection on railway tracks) 2016.

[57] da Silva et al. (Online video-based sequence synchronization for moving camera object detection) 2017.

[58] Jardim et al. (Domain-Transformable Sparse Representation for Anomaly Detection in Moving-Camera Videos) 2019.

[59] García Rubio et al. (Automatic Change Detection System over Unmanned Aerial Vehicle Video Sequences Based on Convolutional Neural Networks) 2019.

[60] Kong et al. (Detecting abandoned objects with a moving camera) 2010.

[61] Sakurada et al. (Change Detection from a Street Image Pair using CNN Features and Superpixel Segmentation) 2015; Afonso et al. (Moving-Camera Video Surveillance in Cluttered Environments Using Deep Features) 2018.

[62] Mukojima et al. (Moving camera background-subtraction for obstacle detection on railway tracks) 2016

Jedoch werden ebenso große Teile der Umgebung fälschlicherweise detektiert. Dies liegt darin begründet, dass die beiden verwendeten Bilder nicht exakt aus der gleichen Position entstanden sind.
Die Hintergrundsubtraktion einzelner Pixel führt zu deterministischen Eigenschaften, da Abweichungen der Bilder zwangsläufig zur Erkennung des Hindernisses führen. Ein Szenario bei dem das Hindernis exakt wie die Umgebung aussieht, kann durch die unterschiedlichen Perspektiven der bewegten Kamera und den Schattenwurf des Objekts ausgeschlossen werden. Der direkte Bildvergleich ist jedoch empfindlich gegenüber Beleuchtungswechseln oder bewegten Vorhängen. Trotz ausgefeilter Methoden aus der Literatur ist das robuste Finden eines geeigneten Referenzbildes bei nicht ausreichend genauer Lokalisierung eine Herausforderung. Die Folge sind Fehldetektionen wie in Abbildung 2.7. Das Halten und Suchen der Referenzbilder benötigt zudem hohe Speicher- und Rechenkapazitäten.

2.2.5. Zusammenfassende Bewertung bestehender Ansätze

Die vorangegangene Analyse der Bildverarbeitungsmethoden, die für die Hinderniserkennung eingesetzt werden können, hat herausfordernde Objekte und Umgebungsbedingungen aufgedeckt. Zusammen mit den Herausforderungen der Fahrzeugautomatisierung im Fabrikkontext aus Abschnitt 2.1 kann die in Tabelle 2.1 dargestellte Liste kritischer Eigenschaften der Hinderniserkennung erstellt und die Eignung der Algorithmen zusammengefasst werden. Aus den hier definierten Eigenschaften werden in Kapitel 5 die zu untersuchenden Testfälle abgeleitet.
Die Objektdetektion, die Semantische Segmentierung und die Tiefenbildprädiktion gehören zur Klasse der Verfahren des Überwachten Lernens. Sie können mit genügend Training eine hohe Robustheit gegenüber Störungen erreichen. Sie sind jedoch potentiell fehleranfällig bei aus dem Training nicht bekannten Objekten und weisen stochastische Eigenschaften auf. Auch Objekte die Teil des Trainings waren, jedoch in einer nun neuen Perspektive gesichtet werden oder teilweise verdeckt sind, stellen eine Herausforderung dar.
In sicherheitskritischen Anwendungen wird hingegen versucht vollständig deterministische Verfahren zu verwenden. Eine Hinderniserkennung auf Basis des Optischen Flusses wäre weniger stochastisch. Es ließe sich jedoch nicht ausschließen, dass wenig textuierte oder mitbewegte Hindernisse

übersehen werden. Zusätzlich ist die Robustheit gegenüber Beleuchtungswechseln geringer.
Der direkte Bildvergleich überzeugt durch die ausgeschlossenen Fehlinterpretationen. So lassen sich mit diesem Verfahren beliebige Hindernisse unter allen Umständen mittels eines deterministischen Algorithmus erkennen. Die Kehrseite dieser Vorteile ist eine hohe Empfindlichkeit gegenüber Störungen wie Beleuchtungswechseln oder ungenauen Fahrzeugbewegungen.

Tabelle 2.1: Vergleich kritischer Eigenschaften der Hinderniserkennungsverfahren: Optischer Fluss (OF), Semantische Segmentierung (SS), Tiefenbildprädiktion (TP), Bildvergleich (BV). Ein voller Harvey-Ball deutet auf ein positives Verhalten hin. Ein leerer Harvey-Ball signalisiert eine negative Eigenschaft.

Eigenschaft	**OF**	**SS**	**TP**	**BV**
Unbekannte Objekte	●	◑	◑	●
Schwebende Objekte	●	○	◑	●
Bewegte Objekte	◑	●	●	●
Wenig Textur	○	●	●	●
Fahrzeugbewegung	◑	●	●	○
Beleuchtungswechsel	◑	●	●	○
Determinismus	◑	○	○	●
Trainingsaufwand	●	○	○	●

Gesucht wird also ein Verfahren, das in der Lage ist besser zu abstrahieren als der reine Bildvergleich, trotzdem nicht auf die Interpretation des Bildes angewiesen ist wie ein KNN. Das Verfahren soll ähnlich deterministisch arbeiten wie der Bildvergleich, jedoch nicht die absoluten Werte einzelner Pixel vergleichen sondern abstraktere Merkmale verwenden, wie sie von KNN erlernt werden. Dabei soll die Aussagekraft der Merkmale nicht durch die Begrenztheit des Trainingsdatensatzes limitiert sein. Maschinelles Lernen, das für sicherheitskritische Aufgaben eingesetzt wird, muss Abweichungen vom Normalzustand als Gefahr klassifizieren.

Die Anomaliedetektion verfolgt eine solche Logik. Das Paradigma der Anomaliedetektion erlaubt durch das Erlernen des Normalitätsmodells explizit die Modellierung des hindernisfreien Soll-Zustands. Dabei kommt das Verfahren ohne eine explizite Interpretation aus. Es wird lediglich ein Abweichen von der Norm klassifiziert. Dies geschieht auf der Basis abstrakter Merkmalsvektoren, die robust gegenüber Änderungen in einzelnen Pixeln sind.

2.3. Anomaliedetektion in Kamerabildern

Die Anomaliedetektion wird auch als Out-of-Distribution- oder Novelty-Detection bezeichnet. Sie findet typischerweise Verwendung, wenn die Menge der Trainingsdaten nicht ausreicht, um die nicht-normale Klasse explizit zu modellieren.[63] Die Algorithmen, die sich dieser Klasse zuordnen lassen, haben gemein, dass sie während des Trainings ein Normalitätsmodell erstellen und Abweichungen von diesem Modell als Anomalie klassifizieren. Maschinelle Lernverfahren lassen sich bezüglich der Annotationen der verwendeten Datensätze klassifizieren. Beim Überwachten Lernen sieht der Algorithmus während der Trainingsphase alle zu unterscheidenden Klassen mit der korrekten Annotation. Die Lernmethodik scheint ungeeignet, da nicht alle Objekte der Klasse *Hindernis* im Trainingsdatensatz beinhaltet sein können. Beim Unüberwachten Lernen sind die Trainingsdaten nicht annotiert. Der Algorithmus identifiziert eigenständig zusammenhängende Datencluster. Hier jedoch kann nicht beeinflusst werden, welche Daten anormal sind. Für eine Hinderniserkennung soll die freie Fahrbahn zum Erlernen des Normalzustands dienen. Jegliche Abweichung hiervon soll als Anomalie klassifiziert werden. Da also während des Trainings nur Bilder der einen Klasse *Normalzustand* verarbeitet werden, ist das Halb-überwachte Lernen die geeignete Methodik.[64]

2.3.1. Halb-überwachtes Lernen

Auto-Encoder Die in Abbildung 2.8 dargestellte Auto-Encoder(AE)-Architektur wird verwendet, um die im Bild enthaltenen Informationen in einer niederdimensionalen Darstellung zu repräsentieren.[65] Dies geschieht im Encoder. Das sogenannte Embedding wird im Decoder-Teil des Algorithmus zurück auf die Ausgangsauflösung hochskaliert und so versucht das Eingangsbild zu rekonstruieren. Die Idee der AE-basierten Anomaliedetektion ist es, dass der AE Anomalien schlechter rekonstruieren kann als Objekte die Teil des Trainings waren. Durch Vergleichen des Eingangsbildes mit der Rekonstruktion dessen, entsteht eine Heatmap. Die Intensität der Abweichung deutet auf die Wahrscheinlichkeit einer Anomalie im Bild hin.

---

63 Pimentel et al. (A review of novelty detection) 2014.

64 Chandola et al. (Anomaly detection) 2009.

65 Hinton et al. (Reducing the dimensionality of data with neural networks) 2006.

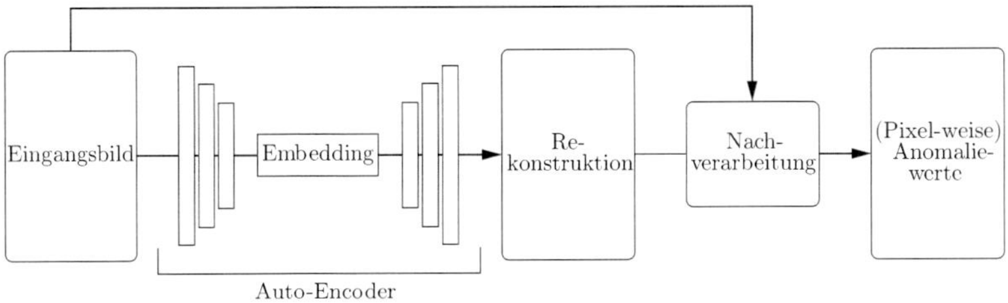

Abbildung 2.8: Architektur einer Auto-Encoder-basierten Anomaliedetektion in Anlehnung an BERGMANN et al.[66]: Die Eingangsbilder werden durch den Encoder zu einer niederdimensionalen Repräsentation (Embedding). Im Falle einer Anomalie unterscheidet sich die Rekonstruktion durch den Decoder vom Eingangsbild.

HASELMANN et al. nutzen das Verfahren zur Oberflächeninspektion freigeformter Kunststoffteile. Sie zeigen, dass das Training mittels fehlerfreier Daten zu hohen Erkennungsraten im Anwendungsfall führt.[67] BERGMANN et al. verwenden den AE-Ansatz auf Bildern einer optischen Qualitätskontrolle gewebter Textilien. Sie vergleichen unterschiedliche Kostenfunktionen zum Training des AE für die Anomaliedetektion. Die häufig als Kostenfunktion verwendete L2-Norm sorgt zwar üblicherweise dafür, dass die Anomalien nicht rekonstruiert werden können. Jedoch sind die Abweichungen zwischen Rekonstruktion und Eingangsbild nach einem pixelweisen Vergleich häufig nicht ausreichend um die Anomalien zu segmentieren. BERGMANN et al. zeigen hier verbesserte Ergebnisse mit einer neuen Kostenfunktion.[68]
GONG et al. adressieren das Problem, dass vereinzelt auch Anomalien von einem AE rekonstruiert werden können. Sie erweitern die AE-Architektur durch ein Memory-Modul, in dem während der Trainingsphase die Embeddings der Normaldaten abgelegt werden. In der Testphase werden dann vom Decoder nicht direkt die Embeddings des Encoders prozessiert. Stattdessen sucht das Memory-Modul die Normaldaten die am ehesten

[66] Bergmann et al. (Improving Unsupervised Defect Segmentation by Applying Structural Similarity to Autoencoders)
[67] Haselmann et al. (Anomaly Detection Using Deep Learning Based Image Completion) 2018.
[68] Bergmann et al. (Improving Unsupervised Defect Segmentation by Applying Structural Similarity to Autoencoders).

dem Embedding des Eingangsbildes entsprechen. GONG et al. können auf unterschiedlichen Datensätzen nachweisen, dass sich mit ihrer Methode zuverlässiger Anomalien erkennen lassen.[69]

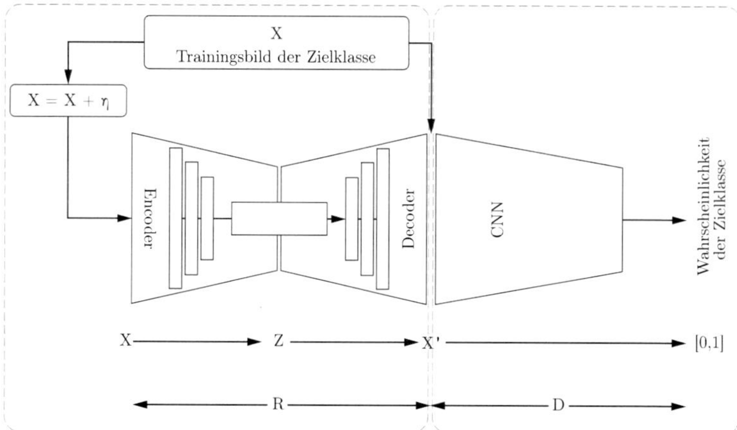

Abbildung 2.9: Architektur einer Anomaliedetektion mithilfe eines Generative Adversarial Networks nach SABOKROU et al.[70]: Die beiden Teilmodelle $\mathcal{R}$ und $\mathcal{D}$ werden als Gegenspieler trainiert. $\mathcal{R}$ wird trainiert um Bilder aus den Normaldaten zu rekonstruieren, während Bilder von Anomalien dezimiert werden. $\mathcal{D}$ klassifiziert die Eingangsbilder in die Klassen *normal* und *anormal*. $\mathcal{D}(\mathcal{R}(X))$ stellt die Wahrscheinlichkeit dar, dass es sich um keine Anomalie handelt.

Generative Adversarial Networks RAVANBAKHSH et al. entwickeln ebenfalls eine Anomaliedetektion auf Basis des Rekonstruktionsfehlers. Zur Rekonstruktion verwenden sie ein Generative Adversarial Network (GAN).[71]

[69] Gong et al. (Memorizing Normality to Detect Anomaly: Memory-Augmented Deep Autoencoder for Unsupervised Anomaly Detection) 2019.

[70] Sabokrou et al. (Adversarially Learned One-Class Classifier for Novelty Detection) 2018

[71] Goodfellow et al. (Generative Adversarial Networks) 2014.

Abbildung 2.9 zeigt den Aufbau eines GANs, bestehend aus einem Generator-Netz, das versucht Bilder möglichst realistisch zu generieren, und einem Diskriminator-Netz, das versucht echte Bilder von generierten Bildern zu unterscheiden. Die Autoren zeigen, dass das konkurrierende Training dieser beiden KNN zu einer hohen Erkennung von Anomalien führt.[72]
Sabokrou et al. nutzen ebenfalls die GAN-Architektur. Darin verwenden sie einen Auto-Encoder als Rekonstruktions-Teil. Nach dem konkurrierenden Training ist der Rekonstruktor in der Lage Eingangsbilder detailgetreu zu rekonstruieren, sofern sie zur trainierten Zielklasse gehören. Anormale Objekte können nicht rekonstruiert werden. Der Diskriminator kann normale Daten von Anomalien unterscheiden. Sabokrou et al. zeigen jedoch auch, dass die Detektionsleistung im Zusammenspiel deutlich besser ist, als wenn die beiden Netze einzeln verwendet werden. Der Diskriminator erkennt also Anomalien als solche am zuverlässigsten, wenn die anormalen Daten zuvor im Rekonstruktor prozessiert wurden.[73]

Während die Datensätze von Ravanbakhsh et al. und Sabokrou et al. statischen Überwachungskameras entstammen, nutzen Minematsu et al. einen GAN-basierten Ansatz auf Bildern mitbewegter Kameras. Sie entwickeln eine Methode, die einzelne Bildbereiche ausschneidet, diese mithilfe des GAN-basierten Bild-Vervollständigungsnetzes nach Pathak et al.[74] rekonstruiert und Eingangs- und Ausgangsbilder vergleicht. Trotz guter Erkennungsraten beschreiben Minematsu et al., dass der Hintergrund teilweise ebenfalls nicht richtig rekonstruiert werden kann, was zu Fehlklassifikationen führt.[75]
Lawson et al. nutzen ebenfalls den von Pathak et al. beschriebenen GAN-Ansatz. Bei dem adressierten Anwendungsfall handelt es sich um eine Anomaliedetektion für einen Patrouillenroboter. Sie berichten von guten Erkennungsraten, geben jedoch wenig detaillierte Informationen dazu an.[76]

---

72 Ravanbakhsh et al. (Abnormal Event Detection in Videos using Generative Adversarial Nets) 2017.

73 Sabokrou et al. (Adversarially Learned One-Class Classifier for Novelty Detection) 2018.

74 Pathak et al. (Context Encoders: Feature Learning by Inpainting) 2016.

75 Minematsu et al. (Reconstruction-Based Change Detection with Image Completion for a Free-Moving Camera) 2018.

76 Lawson et al. (Finding Anomalies with Generative Adversarial Networks for a Patrolbot) 2017.

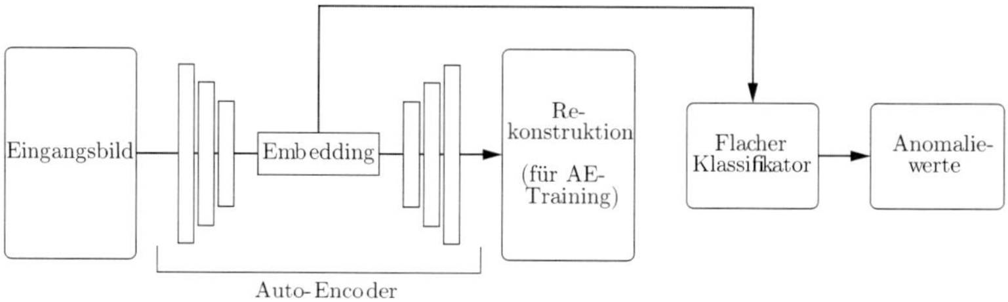

Abbildung 2.10: Architektur einer Anomaliedetektion mithilfe eines Auto-Encoders und einem einfachen Klassifikator: Der Decoder-Teil wird nicht für die Klassifkation sondern nur für das Training genutzt.

Hybride Modelle Sowohl AE- als auch GAN-basierte Verfahren nutzen die Rekonstruktion des Eingangsbilds. Der Rekonstruktionsteil sowie der nachfolgende pixelweise Vergleich des Eingangsbilds mit der Rekonstruktion erhöhen die Rechenzeit und die Modellkomplexität. Die Rekonstruktion ist für die Erkennung von Anomalien nicht zwingend erforderlich; der pixelweise Vergleich kann durch Verwendung abstrakterer Merkmale vereinfacht werden. Daher wird in *hybriden Modellen* der Decoder-Teil des Netzes nicht zur Klassifikation genutzt, sondern lediglich für das Training. Stattdessen wird dem Embedding mithilfe eines einfachen Klassifikators – wie einer Support Vector Machine[77] – eine Klasse zugeordnet.[78] Abbildung 2.10 zeigt die Architektur eines solchen hybriden Modells.
Auf diese Vereinfachung greifen auch Sarafijanovic-Djukic et al. zurück. Sie detektieren Anomalien medizinischer Bilder auf Basis einer niederdimensionalen Repräsentation dieser. Dazu schätzen und klassifizieren sie den Abstand von den normalen Stichproben und können gute Ergebnisse im Vergleich mit konkurrierenden Ansätzen nachweisen.[79]
Vasilev et al. systematisieren das Verfahren der Anomaliedetektion. Sie unterscheiden die Methoden, die im originalen Merkmalsraum klassifizieren von denen, die die latenten Variablen klassifizieren. Außerdem vergleichen

77 Schölkopf et al. (Estimating the support of a high-dimensional distribution) 2001.
78 Xu et al. (Learning Deep Representations of Appearance and Motion for Anomalous Event Detection) 2015.
79 Sarafijanovic-Djukic et al. (Fast Distance-Based Anomaly Detection in Images Using an Inception-Like Autoencoder) 2019.

sie Methoden, die den Abstand der Stichproben im Merkmalsraum berechnen mit Methoden, die die Wahrscheinlichkeitsdichte dieser nutzt. Auf dem MNIST-Testdatensatz[80] können sie keine globalen Trends dieser Methoden beobachten.[81]

Bo Zong et al. verwenden einen Auto-Encoder zur Kompression der Eingangsdaten. Ein zweites KNN schätzt eine Wahrscheinlichkeitsverteilung für die latenten Variablen. Beide Teilmodelle werden gemeinsam trainiert. Mithilfe des Gaußschen Mischmodells (GMM) können die Autoren den Stand der Technik der Anomaliedetektion übertreffen.[82]

Unter dem Begriff One Class-Neural Network nutzen Chalapathy et al. ein mehrere Layer tiefes KNN für die Anomaliedetektion. Das KNN verarbeitet das Embedding eines Auto-Encoders. Der Decoder-Teil wird bei diesem Ansatz nicht genutzt.[83] Ruff et al. entwickeln mit Deep Support Vector Data Description eine Methode, bei der die erlernten Abbildungen des KNN mittels einer Hypersphäre klassifiziert werden können. Auf dem Testdatensatz MNIST übertreffen sie GAN- und AE-basierte Anomaliedetektionsansätze.[84]

Die Arbeit von Ruff et al. verdeutlicht, dass das Training eines Auto-Encoders für die Anomaliedetektion nicht notwendig ist. Es wird lediglich ein KNN benötigt, das die Eingangsdaten in einen hyperdimensionalen Raum abbildet in dem die Daten separiert werden können.

Die vorangegangen Ansätze zeigen, dass die Klassifikation durch einfache Modelle möglich ist. Es kommen flache Neuronale Netze, Support Vector Machines und Gaußsche Mischmodelle zum Einsatz. Die Modelle nutzen die vereinfachte Architektur eines hybriden Modells in Abbildung 2.11. Die hybriden Ansätze haben gemein, dass ein KNN die abstrakten Merkmale aus den Bildern extrahiert und diese dann in einen einfachen Klassifikator geführt werden. Dabei können die beiden Algorithmenteile separat trainiert oder gemeinsam optimiert werden.[85]

---

80 Deng (The MNIST Database of Handwritten Digit Images for Machine Learning Research [Best of the Web]) 2012.

81 Vasilev et al. (q-Space Novelty Detection with Variational Autoencoders) 2018.

82 Bo Zong et al. (Deep Autoencoding Gaussian Mixture Model for Unsupervised Anomaly Detection) 2018.

83 Chalapathy et al. (Anomaly Detection using One-Class Neural Networks) 2018.

84 Ruff et al. (Deep One-Class Classification) 2018.

85 Ergen et al. (Unsupervised Anomaly Detection With LSTM Neural Networks) 2020.

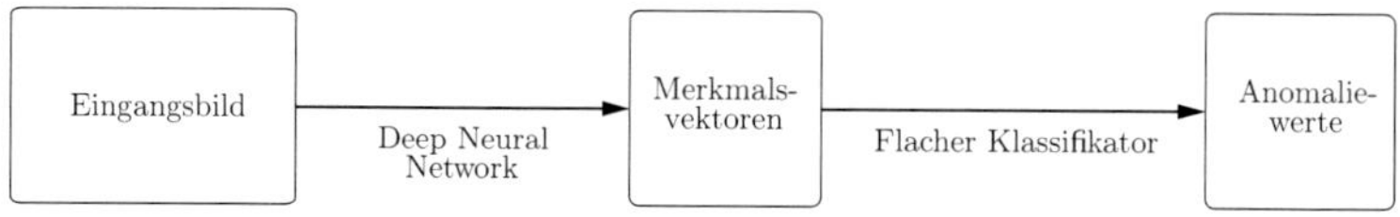

Abbildung 2.11: Vereinfachte Architektur eines hybriden Modells zur Anomaliedetektion: Das tiefe KNN zur Merkmalsextraktion und der flache Klassifikator können getrennt voneinander trainiert werden.

2.3.2. Lerntransfer

Die Merkmalsextraktoren in den KNN benötigen große Datenmengen. Sowohl Auto-Encoder als auch GANs werden mit mehreren Tausend Bildern trainiert, um gute Klassifikationen zu erreichen. Werden für Trainings- und Testphase Daten unterschiedlicher Domänen verwendet, handelt es sich um Lerntransfer. Die Auswirkungen hiervon wurden vielfach untersucht.[86] In der Folge können unabhängig von der Problemdomäne große Datensätze wie beispielsweise ImageNet mit über 14 Millionen Bildern 1000 unterschiedlicher Klassen für das Training verwendet werden.[87] Zudem sind mithilfe von Datensätzen wie diesem hochperformante Architekturen wie EfficientNet[88] entstanden. EfficientNet ist in der Lage die Klasse eines Bildes mit 97,1 % Genauigkeit vorherzusagen. Damit liegt das Netz vor dem für den Menschen geschätzten Wert von 94,9%.[89]

Die hybriden Modelle ermöglichen eine Trennung des trainingsintensiven Merkmalsextraktors und des leicht zu trainierenden einfachen Klassifikators. Diese Eigenschaft kann für das Transferlernen genutzt werden. Rippel et al. machen sich dies zu Nutze. Sie verwenden mit EfficientNet[90] einen der modernsten Merkmalsextraktoren, der auf ImageNet[91] vortrainiert wurde. Als Klassifikator kommt eine einfache multivariate Gaussverteilung

[86] Pan et al. (A Survey on Transfer Learning) 2010.

[87] Russakovsky et al. (ImageNet Large Scale Visual Recognition Challenge) 2014.

[88] Tan et al. (EfficientNet: Rethinking Model Scaling for Convolutional Neural Networks) 2020.

[89] Russakovsky et al. (ImageNet Large Scale Visual Recognition Challenge) 2014.

[90] Tan et al. (EfficientNet: Rethinking Model Scaling for Convolutional Neural Networks) 2020.

[91] Russakovsky et al. (ImageNet Large Scale Visual Recognition Challenge) 2014.

(MVG)[92] im Zusammenspiel mit der Mahalanobis-Distanz[93] zum Einsatz. So erzielen sie bessere Klassifikationsergebnisse als BERGMANN et al.[94] auf einem Datensatz für Industrietextilien. Dies ist ein vielversprechendes Ergebnis, da es das Training des KNN vollständig erübrigt. So wird die Komplexität der Anomaliedetektion erheblich reduziert. Trotzdem bleiben die hohen Erkennungsraten, die aus den abstrakten Merkmalen der KNN resultieren erhalten. RIPPEL et al. zeigen außerdem, dass die Merkmale, die am wenigsten zur Varianz der Normaldaten beitragen, in der Anomaliedetektion die diskriminativsten sind. Sie argumentieren daher, dass es sehr schwierig sein würde, eben diese Merkmale nur mithilfe der Normaldaten zu erlernen.[95]
Der Ansatz, den RIPPEL et al. verfolgen, hat den Nachteil, dass sie den Anomaliewert lediglich für das gesamte Bild berechnen. Die räumliche Information, die insbesondere in den niedrigeren Ebenen des KNN vorliegt, geht durch das Mittelwert-Pooling verloren. Dies verhindert, dass Anomalien lokalisiert werden können und birgt das Risiko, dass kleine Anomalien nicht erkannt werden. Die Verfahren von BERGMANN et al.[96] und NAPOLETANO[97] verwenden eine ähnliche Methode, berechnen jedoch die Merkmale für einzelne Bildbereiche, sodass für die Anomalie im Bild lokalisiert werden kann.

CHRISTIANSEN et al. untersuchen die Abstraktionsgrade in den vortrainierten KNN AlexNet[98] und VGG[99] bezüglich der Verwendung als Merkmalsextraktor für die Anomaliedetektion. Dazu kombinieren sie die Ausgänge hinter den unterschiedlichen Netzwerk-Layern mit einfachen Klassifikatoren

92 Bishop (Pattern recognition and machine learning) 2009.
93 Maesschalck et al. (The Mahalanobis distance) 2000.
94 Bergmann et al. (Improving Unsupervised Defect Segmentation by Applying Structural Similarity to Autoencoders).
95 Rippel et al. (Modeling the Distribution of Normal Data in Pre-Trained Deep Features for Anomaly Detection) 2020.
96 Bergmann et al. (Uninformed Students: Student-Teacher Anomaly Detection With Discriminative Latent Embeddings) 2020.
97 Napoletano et al. (Anomaly Detection in Nanofibrous Materials by CNN-Based Self-Similarity) 2018.
98 Krizhevsky et al. (ImageNet Classification with Deep Convolutional Neural Networks) 2012.
99 Simonyan et al. (Very Deep Convolutional Networks for Large-Scale Image Recognition) 2014.

wie SVG, MVG, k-Nearest-Neighbor[100] und Gaußsche Mischmodelle.[101] Hierfür können sie zeigen, dass ihr Ansatz Objektdetektoren wie YOLO[102] und Ansätzen zur semantischen Segmentierung[103] bezüglich der Erkennungsrate und der benötigten Rechenkapazitäten überlegen ist.[104]
Nicht zuletzt der von CHRISTIANSEN et al. adressierte Anwendungsfall lässt ihrer Arbeit eine zentrale Rolle in diesem Kapitel zukommen. Der Algorithmus verarbeitet Bilder einer auf einem Mähdrescher montierten Kamera. Der Großteil der vorgestellten Arbeiten, die ein hybrides Modell nutzen, führt die Anomaliedetektion auf Bildern statischer Kameras durch. Diese Arbeit nun impliziert, dass der Ansatz trotz Herausforderungen wie der des dynamischen Hintergrunds und der Bewegungsunschärfe auch für die Aufgabe der Hinderniserkennung geeignet scheint.
Jedoch testen CHRISTIANSEN et al. ihre Methode lediglich auf einem kleinen und sehr spezifischen Datensatz. Der Anwendungsfall der Objekterkennung scheint zudem leichter vor dem einheitlichen Hintergrund des Grases. Die Fabrikumgebung hingegen ist visuell komplexer und unübersichtlicher.

Ein weiterer interessanter Ansatz auf Basis des hybriden Modells kommt von BOUINDOUR et al. Sie versuchen anormale Bewegungen in den Aufnahmen statischer Überwachungskameras zu erkennen. Das verwendete KNN soll daher in der Lage sein raumzeitliche Merkmale zu extrahieren. So werden neben den räumlichen Abhängigkeiten der Pixel auch die Informationen zeitlich aufeinanderfolgender Bildrahmen ausgewertet. Um dies zu erreichen verwenden BOUINDOUR et al. eine abgewandelte Version des KNN C3D[105] als Merkmalsextraktor. Das KNN verarbeitet 16 aufeinanderfolgende Bildrahmen und beinhaltet dreidimensionale Convolutional-

[100] Zivkovic et al. (Efficient adaptive density estimation per image pixel for the task of background subtraction) 2006.
[101] Stauffer et al. (Adaptive background mixture models for real-time tracking) 1999.
[102] Redmon et al. (You only look once: Unified, real-time object detection) 2016.
[103] Long et al. (Fully Convolutional Networks for Semantic Segmentation) 2015.
[104] Christiansen et al. (DeepAnomaly: Combining Background Subtraction and Deep Learning for Detecting Obstacles and Anomalies in an Agricultural Field) 2016.
[105] Du Tran et al. (ConvNet Architecture Search for Spatiotemporal Feature Learning) 2017.

und Pooling-Layer. Das Netz ist vortrainiert auf dem Videodatensatz Sports1M,[106] der aus einer Million Youtube-Videos besteht.[107]

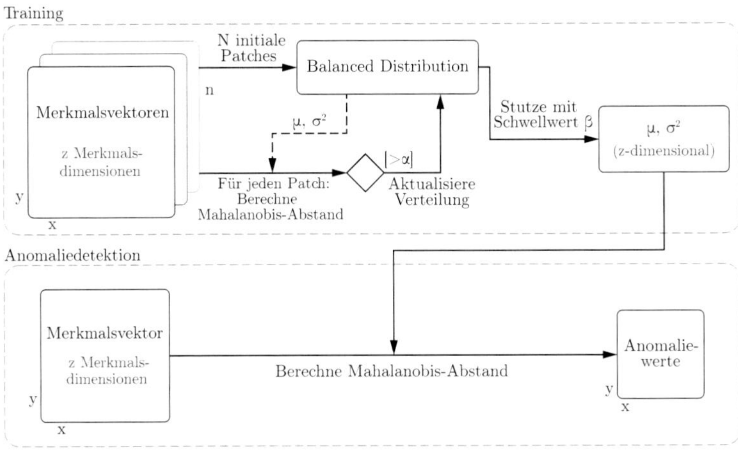

Abbildung 2.12: Architektur der Anomaliedetektion mithilfe einer Balanced Distribution nach Bouindour et al.[108]: Die Merkmalsvektoren werden nur Teil der Verteilung, sofern sie einen ausreichenden Abstand zur bestehenden Verteilung besitzen.

Bouindour et al. verwendete eine sog. *Balanced Distribution* als Klassifikator. Das in Abbildung 2.12 dargestellte Verfahren wurde entwickelt, um wirkliche Anomalien von seltenen normalen Ereignissen unterscheiden zu können. In der Trainingsphase wird das Verfahren initialisiert, in dem N Stichproben aus den Normaldaten entnommen werden. Hierfür werden die Parameter der dazugehörigen Gauss-Verteilung $\boldsymbol{\mu}$ und $\boldsymbol{\sigma}^2$ bestimmt. Die nachfolgenden Stichproben x werden dann nur der Balanced Distribution hinzugefügt, sofern ihre Mahalanobis-Distanz zur Gauss-Verteilung über

[106] Karpathy et al. (Large-Scale Video Classification with Convolutional Neural Networks) 2014.

[107] Bouindour et al. (An On-Line and Adaptive Method for Detecting Abnormal Events in Videos Using Spatio-Temporal ConvNet) 2019.

[108] ebd. 2019

einem Schwellwert α liegt. Wird ein Vektor der Verteilung hinzugefügt, werden die Parameter dieser im Anschluss neu berechnet. Sobald die gesamten Trainingsdaten den Algorithmus durchlaufen haben, wird die resultierende Verteilung mit dem Schwellwert $\eta \cdot \alpha$ gestutzt, um redundante Elemente in der initialen Stichprobe der N Datenpunkte herauszufiltern. Die Testphase unterscheidet sich nicht von der anderer Methoden. Der Algorithmus berechnet die Mahalanobis-Distanz des Testbildes zur Balanced Distribution und klassifiziert mittels eines Schwellwerts.[109]
Nachteilig zu bewerten ist der erhöhte Rechenaufwand für das Erstellen der Balanced Distribution und die Einführung der beiden Hyperparameter α und η, die manuell gewählt oder computergestützt optimiert werden müssen. Demgegenüber liefert das Verfahren eine Möglichkeit seltene Ereignisse trotzdem als Normaldaten zu berücksichtigen. Ebenfalls erlaubt das Verfahren eine nachträgliche Anpassung des Klassifikators. Ein Update des Klassifikators könnte im Betrieb bei einer falsch-positiven Klassifikation – also einer Fehldetektion – hilfreich sein.

Weitere Arbeiten von Bergman et al.[110] und Cohen et al.[111] verwenden einen k-NN-Klassifikator, um die Merkmale eines vortrainierten ResNet[112] zu klassifizieren. Andrews et al. verwenden eine Support Vector Machine, um die Merkmale eines VGG-Netzes,[113] das auf ImageNet vortrainiert wurde, zu klassifizieren.[114]
Damit zeigt sich, dass das Verfahren der Anomaliedetektion weitaus weniger Beachtung findet als das überwachte Lernen. Es sind keine Arbeiten zu Anomaliedetektionen bekannt, die speziell die Fahrzeugautomatisierung als Anwendungsfall adressieren.

2.3.3. Kontextabhängigkeit von Hindernissen

Eine Herausforderung, die in den vorgestellten Anomaliedetektionen bislang nicht diskutiert wurde, ist die Kontextabhängigkeit von Anomalien.

---

[109] Bouindour et al. (An On-Line and Adaptive Method for Detecting Abnormal Events in Videos Using Spatio-Temporal ConvNet) 2019.
[110] Bergman et al. (Deep Nearest Neighbor Anomaly Detection) 2020.
[111] Cohen et al. (Transformer-Based Anomaly Segmentation) 2020.
[112] He et al. (Deep Residual Learning for Image Recognition) 2015.
[113] Simonyan et al. (Very Deep Convolutional Networks for Large-Scale Image Recognition) 2014.
[114] Andrews et al. (Transfer Representation-Learning for Anomaly Detection) 2016.

Abbildung 2.13: Kontextabhängigkeit von Hindernissen: Die Absperrung am Fahrbahnrand ist kein Hindernis (links), während sie auf der Fahrbahn als Hindernis erkannt werden muss (rechts).

Die in Abbildung 2.13 links zu sehende Absperrung am Rand des Gangs ist normal und sollte keinen Grund zum Anhalten darstellen. In Abbildung 2.13 rechts steht diese Barriere mittig auf dem Weg und sollte als Anomalie erkannt werden.
Beim hochautomatisierten Fahren werden Objektdetektoren und semantische Segmentierungen verwendet. Die so auf Basis von Kameras, Lidar und Radardaten erkannten Objekte werden in hochauflösende HD-Karten abgebildet.[115] Der Abgleich der wahrgenommenen Objekte mit einer zuvor aufgezeichneten HD-Karte, wird jedoch nahezu ausschließlich zur Selbstlokalisierung genutzt wie beispielsweise von Ma et al..[116] Einzig Ravi Kiran et al. verwenden HD-Karten als Kontext zur Hinderniserkennung.[117] Da die Autoren mit Lidar-Punktewolken arbeiten, ist das Konzept nicht auf die visuelle Hinderniserkennung übertragbar.
Die Betrachtung des Kontextes für eine Anomaliedetektion ist nicht vollständig neu. Die Faltung durch Convolutional Neural Networks stellt einen örtlichen Zusammenhang mehrerer Pixel her. Und auch der zeitliche Kontext mehrerer aufeinander folgender Bildrahmen wurde beispielsweise

115 Seif et al. (Autonomous Driving in the iCity—HD Maps as a Key Challenge of the Automotive Industry) 2016.

116 Ma et al. (Exploiting Sparse Semantic HD Maps for Self-Driving Vehicle Localization) 2019.

117 Ravi Kiran et al. (Real-time Dynamic Object Detection for Autonomous Driving using Prior 3D-Maps) 2018.

von Bouindour et al.[118] berücksichtigt. Beide Ansätze den Kontext des Objektes zu betrachten, vermögen es jedoch nicht die Absperrung in Abbildung 2.13 richtig zu klassifizieren. Hierfür wird ein kontextabhängiges Normalitätsmodell benötigt. Der Kontext kann dabei über die Objektposition im Bildkoordinatensystem gegeben sein oder über die Objektposition in Raumkoordinaten.

2.3.4. Kontextabhängige Normalitätsmodelle

Hayes et al. führen die Anomaliedetektion in zwei Stufen durch. Zunächst wird der Inhalt der Sensorwerte in der Inhalt-AD auf Anomalien überprüft. Im zweiten Schritt folgt die Kontext-AD, die für die Anomalie-Kandidaten den Kontext prüft. Dazu bauen die Autoren ein Kontextmodell mithilfe des k-Means-Algorithmus[119] und einem Gauß-Klassifikator auf.[120] Für die Hinderniserkennung kann dieser Ansatz nicht verwendet werden. Um den k-Means-Algorithmus einsetzen zu können, muss vorab die Anzahl der Datencluster bekannt sein. Im Big Data-Anwendungsfall von Hayes et al. lassen sich alle Datenpunkte in jeder Dimension einer diskreten Klasse zuordnen. Für die Hinderniserkennung ist die Anzahl der Kontexte jedoch nicht abzählbar.

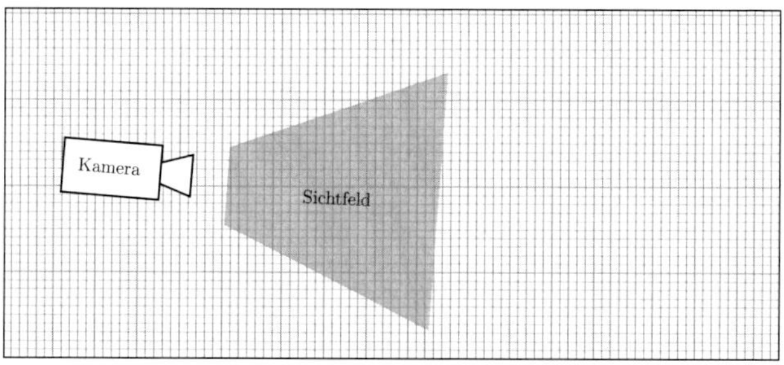

Abbildung 2.14: Rasterisierung des Raums nach Reinhardt et al.[121]: Das Kamerabild wird über eine perspektivische Transformation den Spatial Bins zugeordnet.

[118] Bouindour et al. (An On-Line and Adaptive Method for Detecting Abnormal Events in Videos Using Spatio-Temporal ConvNet) 2019.

[119] Bishop (Pattern recognition and machine learning) 2009.

[120] Hayes et al. (Contextual anomaly detection framework for big sensor data) 2015.

Anders gehen Reinhart et al. vor. Sie gruppieren ihre ortsabhängigen Sensordaten mittels Spatial Bins, einem Raster, das über den Raum gelegt wird. Zusätzlich zu den Sensordaten zeichnen sie die dazugehörige GPS-Position auf, um die Sensorwerte einem Spatial Bin zuordnen zu können. Die Datenpunkte eines Spatial Bins werden mit einer Multivariaten Gaussverteilung modelliert. Neue Sensorwerte lassen sich mittels der Mahalanobis-Distanz dann mit dem jeweiligen Spatial Bin vergleichen. Das Verfahren erlaubt also für jeden Rasterpunkt unterschiedliche Parameter der zugrunde liegenden Verteilungen.[122] Abbildung 2.14 zeigt eine exemplarische Rasterisierung der Fahrzeugfahrbahn. Das Kamerabild wird durch eine perspektivische Transformation (Homographie) auf das Raster gelegt.

Das Verfahren zeichnet sich durch seine Einfachheit aus, da es mit der Größe der Spatial Bins nur einen einzigen zusätzlichen Parameter hinzufügt. Nachteilig ist jedoch der hohe Rechenaufwand. Sowohl im Training als auch in der Testphase muss berechnet werden, welche Merkmalsvektoren zu welchen Spatial Bins gezählt werden. Dafür müssen für die transformierten Kamerabilder auf Basis der Fahrzeugposition die Schnittpunkte mit den Spatial Bins berechnet werden. Zudem reduziert die Rasterisierung des Raums die für die Modellbildung verfügbaren Daten.

Lawson et al. nutzen eine kontextabhängige Anomaliedetektion in einem ähnlichen Anwendungsfall. Ihr mobiler Roboter fährt Patroullien und soll anhand der Bilder einer Monokamera ungewöhnliche Objekte klassifizieren. Auch hier stellt sich die Herausforderung, dass Objekte lediglich aufgrund ihrer jeweiligen Position anormal sein können. In ihrem hybriden Modell prozessieren sie die Bildausschnitte in einem vortrainierten AlexNet. Dessen Merkmale werden nach dem letzten Fully Connected Layer zur Klassifikation verwendet. Der Bildausschnitt wird parallel dazu im PlacesCNN[124] verarbeitet. Dieses zweite KNN bestimmt die Umgebung des aufgenommenen Kamerabilds. Die extrahierten Merkmale werden mittels einer kognitiven Architektur[125] an die Umgebung gebunden. Für die Klas-

---

121 Reinhart et al. (Spatially-Aware Temporal Anomaly Mapping of Gamma Spectra) 2014

122 Ebd. 2014.

123 Lawson et al. (Detecting Anomalous Objects on Mobile Platforms) 2016

124 Zhou et al. (Learning Deep Features for Scene Recognition using Places Database) 2014.

125 Trafton et al. (ACT-R/E: An Embodied Cognitive Architecture for Human-Robot Interaction) 2013.

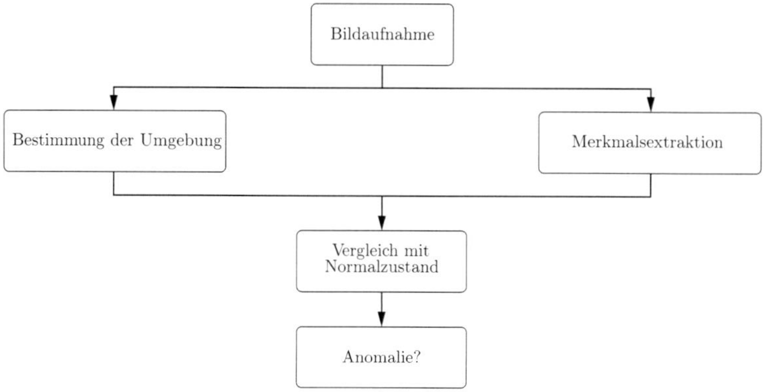

Abbildung 2.15: Kontextabhängige Anomaliedetektion nach LAWSON et al.[123]: Die aus den Bildern extrahierten Merkmale werden mit denen aus der relevanten Umgebung verglichen.

sifikation in der Testphase wird der euklidische Abstand zwischen den Merkmalen der Testdaten und denen der Normaldaten aus der gleichen Umgebung bestimmt. Abbildung 2.15 gibt einen Überblick über das Vorgehen.[126]

Nachteilig bei ihrem Vorgehen ist die Merkmalsextraktion. LAWSON et al. verwenden die Merkmale des letzten Layers des vortrainierten KNN. Wie RIPPEL et al.[127] jedoch zeigen konnten, sind dies nicht die Merkmale, die beim Transferlernen zu besten Ergebnissen führen. Weiterhin berücksichtigt die euklidische Distanz, die als Klassifikationskriterium der Anomalien dient, nicht die Varianz der Normaldaten, wie es die Mahalanobis-Distanz tut. Das Vorgehen zunächst Bildbereiche auszuschneiden, um diese mit der kognitiven Architektur dann der Umgebung wieder zuzuordnen, wirkt kontraintuitiv. Stattdessen könnte der Kontext, der durch das Gesamtbild gegeben ist, genutzt werden und so die kognitive Architektur obsolet machen.

Die Arbeit zeigt trotz einiger Verbesserungsmöglichkeiten, dass eine visuel-

126 Lawson et al. (Detecting Anomalous Objects on Mobile Platforms) 2016.

127 Rippel et al. (Modeling the Distribution of Normal Data in Pre-Trained Deep Features for Anomaly Detection) 2020.

le Anomaliedetektion für mobile Roboter möglich ist. Die Erkennungsrate von 91,43% ist angesichts der veralteten Techniken und der visuell komplexen Einsatzumgebungen ein vielversprechendes Resultat.
CHRISTIANSEN et al. berücksichtigen bei ihrer Anomaliedetektion nicht direkt die Fahrzeugposition. Sie modellieren jedoch das Kamerabild mithilfe mehrerer Normalitätsmodelle. So wird ein Modell für den Himmel, eins für den Windschutzstreifen und eins für das Feld verwendet, vgl. Abbildung 2.16. Mithilfe der drei Normalitätsmodelle werden die wahrgenommenen Objekte in den jeweiligen Kontext eingeordnet.
Da die Autoren die Daten mithilfe von univariaten Gauß-Verteilungen modellieren, gelingt ihnen so eine präzisere Approximation der tatsächlichen Verteilung. Das Verfahren setzt voraus, dass die Hintergründe und Objektklassen immer in den jeweiligen Bildbereichen auftauchen und das Erscheinen nicht abhängig ist von der Fahrzeugposition. So muss die Fahrzeugposition nicht bekannt sein. Sofern sich das Aussehen der Normalumgebung verändert oder sich Objekte durch die Bildbereiche mit unterschiedlichen Normalitätsmodellen bewegen, stößt das Verfahren nach CHRISTIANSEN et al. an seine Grenzen.

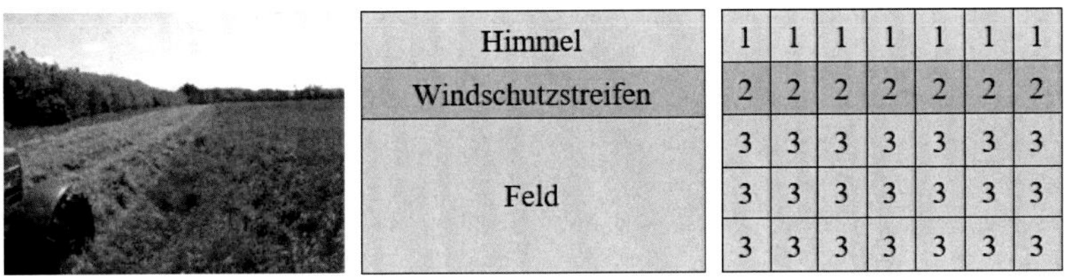

Abbildung 2.16: Normalitätsmodelle nach CHRISTIANSEN et al. für die Hinderniserkennung eines Traktors in der Landwirtschaft: Für Himmel, Windschutzstreifen und das Feld werden separate Modelle erstellt.[128]

[128] Christiansen et al. (DeepAnomaly: Combining Background Subtraction and Deep Learning for Detecting Obstacles and Anomalies in an Agricultural Field) 2016

2.4. Zwischenfazit

In Abschnitt 2.1 wurden zunächst die dem Anwendungsfall entstammenden Anforderungen an eine visuelle Hinderniserkennung erörtert. Die darauffolgende systematische Analyse der existierenden Bildverarbeitungsmethoden in Abschnitt 2.2 prüfte deren Eignung für die Aufgabenstellung. Hieraus wurden kritische Eigenschaften der Bildverarbeitungsmethoden abgleitet. Aus den Vor- und Nachteilen der Methoden konnte hergeleitet werden, dass eine Anomaliedetektion entscheidende Eigenschaften vereint. Das Verfahren abstrahiert mittels KNN, sodass Beleuchtungswechsel und minimale Abweichungen wenig Einfluss haben. Gleichzeitig verursachen aus dem Training unbekannte oder nicht erkennbare Objekte keine Fehlklassifikationen.

Die Betrachtung des Stands der Wissenschaft im Bereich Anomaliedetektion zeigte, dass der Ansatz der hybriden Modelle vielversprechend ist. Diese zeichnen sich durch hohe Abstraktionsgrade und minimale benötigte Datenmengen aus, da sie mittels Lerntransfer auf einem domänenfremden Datensatz vortrainiert werden.

Die Arbeit von Christiansen et al.[129] zeigt, dass der Ansatz der Anomaliedetektion trotz veralteter KNN und einfacher univariater Gaussverteilungen als Klassifikator für die Hinderniserkennung funktionieren kann und Vorteile gegenüber klassischen Objektdetektionen aufweist. Einen ähnlichen Ansatz in einer visuell komplexeren Umgebung zu verwenden scheint nach Lawson et al.[130] möglich, muss jedoch für den Anwendungsfall der automatisiert fahrenden Fahrzeuge evaluiert werden.

Die Klassifikation vortrainierter KNN mittels einer einfachen multivariaten Gaussverteilung und Mahalanobis-Distanz führt zu sehr guten Ergebnissen auf Bildern statischer Kameras.[131] Angesichts der hohen Abstraktion der Merkmale Künstlicher Neuronaler Netze scheint eine Anwendung auf Bilder bewegter Kameras möglich. Der hybride Ansatz unter Verwendung eines vortrainierten Merkmalsextraktors verspricht das Training in neuen Umgebungen mittels weniger Trainingsdaten, da lediglich der flache Klassifikator trainiert wird. Dies erübrigt die Klassifikation in unbekannten

---

[129] Christiansen et al. (DeepAnomaly: Combining Background Subtraction and Deep Learning for Detecting Obstacles and Anomalies in an Agricultural Field) 2016.

[130] Lawson et al. (Detecting Anomalous Objects on Mobile Platforms) 2016.

[131] Rippel et al. (Modeling the Distribution of Normal Data in Pre-Trained Deep Features for Anomaly Detection) 2020.

Umgebungen, die sich als fehleranfällig herausgestellt hat.[132]
Die Berücksichtigung des Kontextes ist eine sinnvolle Erweiterung für die Hinderniserkennung, da nicht allein ihr Aussehen, darüber entscheidet, ob es sich um ein Hindernis handelt. Vielmehr ist das Aussehen zusammen mit der jeweiligen Position ausschlaggebend. CHRISTIANSEN et al. zeigen einen Ansatz, wie die Objektposition im Bildkoordinatensystem für ihren speziellen Anwendungsfall berücksichtigt werden kann. Die guten Ergebnisse legen nahe, das Verfahren für den Anwendungsfall dieser Arbeit zu erweitern. Das Verfahren scheitert jedoch beispielsweise bei veränderten Umgebungen. Da die Fahrzeugposition bei automatisierten PKW ohnehin bekannt ist, ist die Berücksichtigung der PKW-Position auf der Fahrtstrecke möglich. Bis auf in der Arbeit von LAWSON et al.[133] wurde der örtliche Kontext noch nicht in Zusammenhang mit einer Anomaliedetektion erprobt. Die Rasterisierung des Raums nach REINHART et al. erhöht den Rechenaufwand und die Modellkomplexität.[134] Hier bedarf es eines vereinfachten Verfahrens.

[132] Minematsu et al. (Reconstruction-Based Change Detection with Image Completion for a Free-Moving Camera) 2018.

[133] Lawson et al. (Detecting Anomalous Objects on Mobile Platforms) 2016.

[134] Reinhart et al. (Spatially-Aware Temporal Anomaly Mapping of Gamma Spectra) 2014.

3. Lösungshypothese und zu leistende Arbeit

Das vorangegangene Kapitel erläuterte in Abschnitt 2.2 die bestehenden Ansätze zur visuellen Hinderniserkennung. Deren methodische Defizite begründen den Bedarf nach einer neuartigen visuellen Hinderniserkennung. Anschließend wurde der Stand der Wissenschaft der Anomaliedetektion analysiert. Im folgenden Kapitel werden die Defizite in Theorie und Praxis aufgegriffen und die Lösungshypothese der kontextabhängigen Anomaliedetektion dargelegt. Daraus werden Handlungsbedarfe abgeleitet. Anschließend werden Anforderungen für die erfolgreiche Anwendung des Verfahrens als visuelle Hinderniserkennung formuliert.

3.1. Defizit in Theorie und Praxis

Der Anwendungsfall der werksinternen Fahrzeugautomatisierung erfordert die Verwendung einer Hinderniserkennung auf Basis einer Monokamera, vgl. Kapitel 1. Dabei stellt der Anwendungsfall den Ursprung des Praxisdefizits einer visuellen Hinderniserkennung dar. Die Domäne der industriellen Automatisierungstechnik ist bislang kein typischer Anwendungsfall der Bildverarbeitung gewesen. Datensätze zur Entwicklung neuer Computer Vision-Algorithmen adressieren die Automatisierung von PKW im Straßenverkehr. Die darauf entwickelten Algorithmen sollen in hoch-komplexen Situation möglichst genau die Umgebung verstehen. Die Hinderniserkennung in der Fabrikumgebung besitzt eine reduzierte Komplexität, erfordert jedoch eine erhöhte Zuverlässigkeit als der heutige Stand der Bildverarbeitung erlaubt.

Die in Kapitel 2.2 analysierten Bildverarbeitungsmethoden zur Umsetzung einer Hinderniserkennung weisen Schwächen auf, die den Einsatz in einer sicherheitskritischen Anwendung bislang nicht ermöglichen. Während der optische Fluss und der direkte Bildvergleich für die Praxis nicht ausreichend robust sind, mangelt es den Methoden, die maschinelles Lernen verwenden – der Objektdetektion, der semantischen Segmentierung und der Tiefenprädiktion – an Zuverlässigkeit und Nachvollziehbarkeit.

Der in Kapitel 2.3 erläuterte Ansatz der Anomaliedetektion ist für die Anwendung als visuelle Hinderniserkennung neuartig. Die Methode zeichnet sich dadurch aus, Objekte in Bildern erkennen zu können, die vom Normalzustand abweichen, ohne, dass die Objekte im Training bekannt sein müssen. Aus dem Stand der Wissenschaft der Anomaliedetektion ging hervor, dass die Ansätze vorallem in der optischen Qualitätskontrolle erfolgreich eingesetzt werden. Einzelne Arbeiten zeigen das Potenzial vergleichbarer Algorithmen in der Erkennung unbekannter Objekte. Die Entwicklung und Erprobung einer Anomaliedetektion zum Einsatz als Hinderniserkennung für PKW im End-of-Line-Bereich stellt daher das Theoriedefizit dieser Arbeit dar.

3.2. Lösungsansatz und -hypothese

Die vorliegende Arbeit adressiert die Problemstellung der visuellen Hinderniserkennung im Anwendungsfall automatisierter PKW im End-of-Line-Bereich. Die Anomaliedetektion hat zum Ziel aus dem Training unbekannte Objekte zu erkennen. Diese Eigenschaft spricht für die Eignung im Rahmen von sicherheitskritischen Anwendungen des Maschinellen Lernens. Daher lautet die Lösungshypothese, dass eine Anomaliedetektion ein geeignetes Verfahren zur visuellen Hinderniserkennung in automatisierten PKW im End-of-Line-Bereich darstellt. Der gewählte Ansatz eines hybriden Modells zur Anomaliedetektion setzt sich aus einem tiefen neuronalen Netz und einem flachen Klassifikator zusammen. Mittels des KNN werden die Bilder in einen hochdimensionalen Merkmalsraum abgebildet, in dem die Testdaten mit einer zuvor erlernten Verteilung der Normaldaten verglichen werden. Die Modellierung der Merkmale im hochdimensionalen Merkmalsraum mittels einer uni- oder multivariaten Gauß-Verteilung verfolgt das Ziel jedem Merkmalsvektor eine eindeutige Klasse zuordnen zu können. Dabei findet die Unterscheidung nur in die beiden Klassen *normal/anormal* statt. An dieser Stelle ist die Forschungsfrage zu beantworten, ob sich die Hindernisse im Merkmalsraum trennscharf von den Normaldaten unterscheiden lassen.

Die Berücksichtigung des Kontextes in der Anomaliedetektion positioniert das Verfahren zwischen dem direkten Bildvergleich und der Erkennung durch KNN. Es verspricht ein weniger stochastisches Verhalten als die reine Detektion mittels KNN, weil die Modellierung der Merkmalsvektoren eine für den Menschen nachvollziehbare Datenverarbeitungskette darstellt. Durch die Mahalanobis-Distanz wird die Klassenzuordnung nachvollziehbarer.

Im Vergleich zum direkten Bildvergleich ist eine höhere Robustheit gegenüber Beleuchtungswechseln und Fahrzeugbewegungen zu erwarten. Die kontextabhängige Anomaliedetektion vergleicht keine Pixelwerte, sondern

abstraktere Merkmalsvektoren, die von Schwankungen in einzelnen Pixeln weniger betroffen sind. Zudem wird der Merkmalsvektor mit der Wahrscheinlichkeitsverteilung mittels einer Abstandsberechnung verglichen. Diese kann im Gegensatz zur einfachen Subtraktion der Werte die Kovarianz der Verteilung berücksichtigen.
Bildverarbeitungsansätze auf Basis des überwachten Lernparadigmas benötigen große Datenmengen für das Training der KNN. Aus diesem Grund sind Algorithmen, wie sie beispielsweise in Abschnitt 2.2.2 vorgestellt wurden, für den Anwendungsfall ungeeignet. Ein kontextabhängiges Modell würde die Knappheit der Trainingsdaten weiter verschärfen, da hier aus dem Trainingsdatensatz je Fahrzeugposition nur wenige Bilder einem Ort zugeordnet werden können.
Die hybride Anomaliedetektion nutzt ein KNN als Merkmalsextraktor. Die Klassifikation wird jedoch in dem nachgelagerten flachen Klassifikator durchgeführt. Die beschriebene Architektur ermöglicht den Lerntransfer. Hierbei werden die Gewichte des KNN auf einem domänenfremden Datensatz erlernt. Dieser sehr umfangreiche Datensatz ermöglicht es dem KNN aussagekräftige Merkmalsvektoren zu extrahieren. Für das Training des flachen Klassifikators werden schließlich nur einige wenige Bilder benötigt. Der beschriebene Lösungsansatz wurde vom Autor dieser Arbeit in seinen Grundzügen bereits in WENNING et al.[135] beschrieben.

Formulierung der Forschungsfrage und Lösungshypothese

Die Hauptforschungsfrage, die im Rahmen der vorliegenden Arbeit beantwortet werden soll, widmet sich der Machbarkeit einer Hinderniserkennung auf Basis einer Anomaliedetektion:

> *Kann mithilfe einer kontextabhängigen Anomaliedetektion eine visuelle Hinderniserkennung für automatisierte PKW im End-of-Line-Bereich realisiert werden?*

Daraus leiten sich die folgenden Unterforschungsfragen ab:

- Welche Modellarchitektur und -komponenten erlauben eine robuste Hinderniserkennung?

[135] Wenning et al. (Anomaly Detection as Vision-Based Obstacle Detection for Vehicle Automation in Industrial Environment: (in Review)).

- Wie wirkt sich das Erlernen eines kontextabhängigen Modells auf die Hinderniserkennung aus?
- Welche Daten und Annotationen beinhaltet ein anwendungsspezifischer Datensatz?
- Wo liegen die Detektionsgrenzen des Systems?

Vorgehen zur Beantwortung der Forschungsfrage

Um die Eignung einer kontextabhängigen Anomaliedetektion für den Anwendungsfall einer visuellen Hinderniserkennung zu prüfen, muss zunächst der Lösungsalgorithmus entworfen werden. Da dieser aus mehreren Lösungsmodulen besteht, werden für jedes dieser Module Gestaltungsoptionen validiert. Auf Basis eines anwendungsspezifischen Datensatzes wird die leistungsfähigste Anomaliedetektion ausgewählt.
Eine Validierung der Vorteile gegenüber den existierenden Methoden der Bildverarbeitung, die für die Hinderniserkennung bereits eingesetzt werden, erfolgt über den Vergleich der Algorithmen auf einem virtuellen Testdatensatz. Dieser Datensatz soll die Anforderungen prüfen, die im Rahmen der Analyse in Abschnitt 2.2 aufgedeckt wurden. Schließlich erfordert die Validierung den Feldtest mithilfe von Realdaten.

3.3. Herleitung der Lösungsmodule

Abbildung 3.1 zeigt den schematischen Aufbau des in dieser Arbeit entwickelten Lösungsalgorithmus. Die Architektur der hybriden Anomaliedetektion, bestehend aus der Merkmalsextraktion und der stochastischen Modellierung im Anomaliemodell, ist ergänzt durch den Trainings- und Validierungsdatensatz, die Kontextmodellierung und die Datennachverarbeitung. Die Architektur stellt damit den Ordnungsrahmen dieser Arbeit dar. Abbildung 3.1 unterteilt die Architektur der kontextabhängigen Anomaliedetektion in fünf Lösungsmodule, die im weiteren erläutert werden.

Datensatz Die internationale Forschungsgemeinschaft hat in den letzten Jahrzehnten große Fortschritte im maschinellen Bildverständnis erzielt. Zu diesem Erfolg haben auch öffentlich verfügbare Datensätze wie beispielsweise der KITTI-Datensatz[136] beigetragen. Die Wissenschaft profitiert

[136] Geiger et al. (Vision meets robotics: The KITTI dataset) 2013.

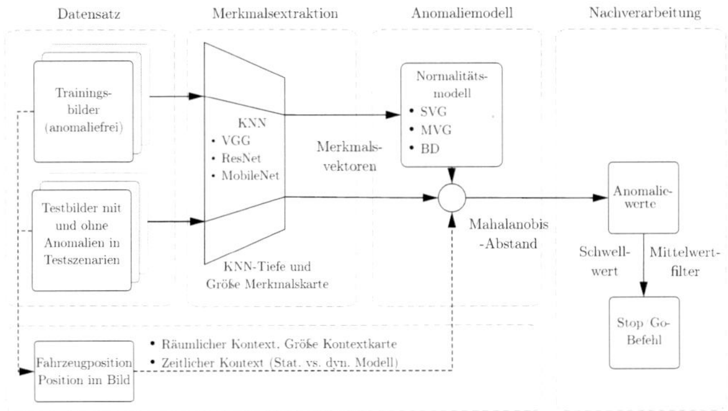

Abbildung 3.1: Lösungshypothese der kontextabhängigen Anomaliedetektion und Unterteilung in fünf Lösungsmodule.

sowohl von der besseren Vergleichbarkeit der Ergebnisse, als auch von der effizienteren Forschung. Die Erstellung von Datensätzen, insbesondere die Annotierung dieser, erfordern viel manuelle Arbeit.

Während das hochautomatisierte Fahren im Straßenverkehr ein viel betrachteter Anwendungsfall ist, sind es Anwendungsfälle der klassischen Automatisierungstechnik weitaus weniger. Datensätze wie KITTI umfassen Szenen auf der Autobahn und im städtischen Verkehr mit vielen statischen und dynamischen Objekten. In der Automatisierungstechnik, zu der der in dieser Arbeit betrachtete Anwendungsfall gezählt werden soll, sind die Verkehrssituationen weniger anspruchsvoll als im städtischen Verkehr. Hier liegt der Fokus auf der Zuverlässigkeit und Sicherheit der Automatisierungslösung. Es bedarf daher eines anwendungsbezogenen Datensatzes, der speziell die Hinderniserkennung im Fabrikumfeld adressiert. Hier sollten fabriktypische Hindernisse und Szenen enthalten sein. Ein besonderes Augenmerk sollte auf gefährliche Umweltbedingungen gelegt werden, bei denen die eingesetzten Algorithmen anfällig gegenüber Fehlern sind. Die Ausrichtung auf den Anwendungsfall der Hinderniserkennung im Produktionsumfeld umfasst neben der Fabrikumgebung auch die Annotation. Diese sollte die binäre Klassifikation *Stop/Go* umfassen.

Merkmalsextraktion Die künstlichen neuronalen Netze, die für die Merkmalsextraktion zur Verfügung stehen, sind vielfältig. Das vergleichsweise junge Forschungsfeld des Maschinellen Lernens hat bereits viele KNN hervorgebracht, die für unterschiedliche Anwendungsfälle optimiert sind. Hier sollen KNN unterschiedlicher Komplexität verglichen werden. RIPPEL et al.,[137] zeigten, dass keineswegs der Ausgang des letzten Layers die besten Resultate liefert. Für den Anwendungsfall sollte daher untersucht werden, welche Abstraktion für die Hinderniserkennung am dienlichsten ist.

Anomaliemodell Als einfache Klassifikatoren in hybriden Modellen haben sich die univariate und die multivariate Gauß-Verteilung gegenüber Support Vector Machines und flachen KNN durchgesetzt.[138] Deren Verwendung muss jedoch im Hinblick auf die zur Verfügung stehenden Daten evaluiert werden. Zu wenige Trainingsdaten könnten nicht ausreichen, um die Verteilungen ausreichend abzuschätzen. Die weitere Verbesserung durch die Selektion der Bildausschnitte, die das Normalitätsmodell bilden, wie es die Balanced Distribution von BOUINDOUR et al.[139] vorschlägt, sollte erprobt werden.

Kontextmodellierung Bislang wenig betrachtet blieb die Kontextabhängigkeit der Anomalien. Der Ansatz von CHRISTIANSEN et al.[140] bei dem mehrere Normalitätsmodelle für ein Bild erstellt werden zeigt gute Ergebnisse im Anwendungsfall des Feldroboters. Es ist zu prüfen, ob das Verfahren an die visuell komplexere Produktionsumgebung angepasst werden kann.
Die Unterscheidung unterschiedlicher Bildbereiche allein reicht jedoch nicht aus. Extremere visuelle Veränderungen der Fahrzeugumgebung sollten durch die Berücksichtigung der Fahrzeugposition im Raum bewältigt werden. Das Verfahren der Rasterisierung nach REINHART et al.[141] ist

[137] Rippel et al. (Modeling the Distribution of Normal Data in Pre-Trained Deep Features for Anomaly Detection) 2020.
[138] Christiansen et al. (DeepAnomaly: Combining Background Subtraction and Deep Learning for Detecting Obstacles and Anomalies in an Agricultural Field) 2016.
[139] Bouindour et al. (An On-Line and Adaptive Method for Detecting Abnormal Events in Videos Using Spatio-Temporal ConvNet) 2019.
[140] Christiansen et al. (DeepAnomaly: Combining Background Subtraction and Deep Learning for Detecting Obstacles and Anomalies in an Agricultural Field) 2016.
[141] Reinhart et al. (Spatially-Aware Temporal Anomaly Mapping of Gamma Spectra) 2014.

hierfür ungeeignet, da der Rechenaufwand unverhältnismäßig hoch ist und eine hohe Datenmenge benötigt wird. Hier soll untersucht werden, inwiefern der Videostream entlang einer Dimension aufgeteilt werden kann. Das zu entwickelnde Verfahren soll den jeweiligen Normalitätsmodellen so viele Daten wie möglich zur Verfügung stellen und gleichzeitig die visuellen Eigenschaften der Umgebung möglichst präzise modellieren.

Nachverarbeitung In einer geeigneten Nachverarbeitung müssen die vielfach berechneten Mahalanobis-Abstände in eine binäre Entscheidung für die Weiterfahrt des Fahrzeugs übersetzt werden. Um eine robuste Hinderniserkennung zu erzielen müssen die Anomaliewerte gefiltert werden, bevor sie zusammengeführt werden. Die Anomaliewerte werden auf Basis des Durchschnitts und des Maximalwerts aggregiert. Schließlich wird eine Sicherheitszone definiert, in der Hindernisse als Gefahr klassifiziert werden sollen.

3.4. Formale und inhaltliche Anforderungen an die Lösung

Die Hinderniserkennung ist als Teilaufgabe der Steuerung des automatisierten Fahrzeugs eine Problemstellung aus dem Bereich der *Kybernetik* – die Wissenschaft der Steuerung und Regelung von Maschinen. Ihr Begründer Norbert Wiener sieht in Analogie zu Lebewesen die Rückkopplung von Sensorinformationen als Kernbaustein der Kunst des Steuerns. Diese Rückkopplung ist durch die im Fahrzeug verbaute Kamera gegeben.
Der Konnektionismus stellt einen Problemlösungsansatz der Kybernetik dar. Bei ihm werden die menschlichen kognitiven Fähigkeiten in technischen Systemen nachgebildet. In dem Teilbereich der Neuroinformatik geschieht die Modellbildung mittels künstlicher neuronaler Netze.[142]
An das konnektionistische Modell können sowohl formale als auch inhaltliche Anforderungen gestellt werden, die im folgenden erläutert werden.

3.4.1. Formale Anforderungen

In seiner allgemeinen Modelltheorie definiert STACHOWIAK[143] drei Hauptmerkmale, die das konnektionistische Modell dieser Arbeit mit anderen Modellen teilt.

[142] Becker et al. (Konnektionistische Modelle: Grundlagen und Anwendungen) 1991, S.3.

[143] Stachowiak (Allgemeine Modelltheorie) 1973, S. 131 ff.

1. Abbildungsmerkmal:
   Modelle sind stets Abbildungen eines natürlichen oder künstlichen Originals (Urbild). Abbildung und Urbild entsprechen sich im Allgemeinen nicht.

2. Verkürzungsmerkmal:
   Modelle bilden im Allgemeinen nicht alle Attribute des Urbilds nach. Es werden nur solche Eigenschaften modelliert, die den Modellbildnern relevant erscheinen.

3. Pragmatisches Merkmal:
   Ein Modell verfolgt einen Zweck. Es genügt nicht zu spezifizieren, *wovon* das Modell ein Abbild darstellt. Eine vollständige Beschreibung beinhaltet für *wen*, *wann* und *wozu* das Modell erstellt wird.

In der Fahrzeugautomatisierung übernimmt ein Computerprogramm die Steuerung, die bis dahin von einem Menschen durchgeführt wurde. Das Abbildungsmerkmal ist erfüllt, denn das Programm stellt ein Abbild der entsprechenden kognitiven Funktion des Menschen dar. Das Verkürzungsmerkmal ist zweifelsohne gegeben, da die Hinderniserkennung selbst von der visuellen Mustererkennung des Gehirns nur einen Bruchteil der kognitiven Fähigkeiten ausmacht. Schließlich liefert der Anwendungsfall dieser Arbeit das pragmatische Merkmal. Der zu entwickelnde Bildverarbeitungsalgorithmus verfolgt den Zweck einen PKW auf dem Betriebsgelände des OEM zu automatisieren.

3.4.2. Inhaltliche Anforderungen

Sicherheit Bei Fehlfunktion der Hinderniserkennung entsteht eine Gefahr für den Menschen. Die Sicherheitsgrundnorm ISO 12100[144] schreibt für Maschinen, von denen eine Gefahr ausgeht, eine Risikobeurteilung und -minderung vor. Die sektorspezifische Sicherheitsnorm ISO 13849[145] klassifiziert die Funktionszuverlässigkeit in Abhängigkeit der Auswirkungen einer Fehlfunktion. Gemäß Abbildung 3.2 kann die Einordnung in die Performance Level (PL) vorgenommen werden. Bei einer Fehlfunktion sind ernste Verletzungen bis hin zum Tod denkbar (S2). Die Häufigkeit der

[144] DIN EN ISO 12100 (Sicherheit von Maschinen - Allgemeine Gestaltungsleitsätze - Risikobeurteilung und Risikominderung) 2011.

[145] DIN EN ISO 13849-1 (Sicherheit von Maschinen - Sicherheitsbezogene Teile von Steuerungen - Teil 1: Allgemeine Gestaltungsleitsätze) 2016.

Gefährundgsexposition wird mit häufig bewertet (F2). Da die Gefährdung bei langsam fahrenden Fahrzeugen zumeist begrenzt werden kann (P1), indem die Fahrwege bewusst gemieden werden, ist für die Funktion das Performance Level d gefordert. Dies deckt sich mit der Risikoklasse die für die Hinderniserkennung fahrerloser Transportsysteme in ISO 3691-4[146] vorgeschrieben ist.[147] Das geforderte Performance Level d entspricht einer Ausfallwahrscheinlichkeit von $10^{-7} < p < 10^{-6}$ pro Stunde.[149] Die Wahrscheinlichkeit entspricht durchschnittlich frühestens einem Ausfall in 114,16 Jahren – mit *Mean Time To Failure* bezeichnet.[150]

Robustheit Eine Hinderniserkennung muss zudem verfügbar und robust sein. Sind diese Eigenschaften nicht gegeben, kommt es zu häufigen Fehldetektionen, die die Hinderniserkennung für die Praxis untauglich machen. Die benötigte Bildwiederholrate ist abhängig von der Fahrgeschwindigkeit und der Größe des überwachten Bereichs. Die Fahrgeschwindigkeit kann im Anwendungsfall unter 1 m/s gewählt werden.[151] Bei einer zulässigen Fehldetektion pro Stunde und etwa drei verarbeiteten Aufnahmen pro Sekunde ist eine Falsch-Positiv-Rate von $\mathrm{FPR} = 10^{-4}$ akzeptabel.
Durch die Modellierung der Normaldaten mithilfe von Wahrscheinlichkeitsverteilungen kann ein hinreichend guter binärer Klassifikator so parametriert werden, dass eine beliebige Falsch-Positiv-Rate erfüllt werden kann. In Abschnitt 4.3.3 wird auf Basis der Falsch-Positiv-Rate der Arbeitspunkt des Klassifikators analytisch hergeleitet.

Performanz Um einen Zusammenstoß mit einem Menschen zu verhindern, muss die Hinderniserkennung in Echtzeit über die Weiterfahrt des Fahrzeugs entscheiden. Nachdem das Hindernis in das Schutzfeld eintritt, muss das Kamerabild aufgezeichnet und von dem Algorithmus verarbeitet

---

146 DIN EN ISO 3691-4 (Flurförderzeuge - Sicherheitstechnische Anforderungen und Verifizierung - Teil 4: Fahrerlose Flurförderzeuge und ihre Systeme) 2020.

147 Die Klassifizierung in Performance Level entstammt der Norm für funktionale Sicherheit ISO 13849. Eine analoge Einteilung lässt sich in IEC 62061 finden. Hier entspricht das geforderte Zuverlässikeitsniveau dem Safety Integrity Level (SIL) 2.

148 DIN EN ISO 13849-1 (Sicherheit von Maschinen - Sicherheitsbezogene Teile von Steuerungen - Teil 1: Allgemeine Gestaltungsleitsätze) 2016

149 Börcsök (Funktionale Sicherheit: Grundzüge sicherheitstechnischer Systeme) 2015.

150 Ebd. 2015, S. 73.

151 Vgl. Abschnitt 2.1

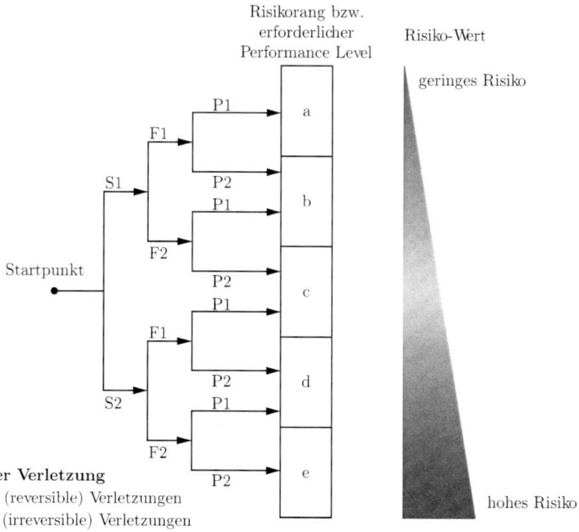

Schwere der Verletzung
S1 = leichte (reversible) Verletzungen
S2 = ernste (irreversible) Verletzungen

Häufigkeit und Dauer
F1 = selten oder kurze Gefährdungsexposition
F2 = häufig (mehr als einmal pro Stunde)

Möglichkeit zur Vermeidung oder zur Begrenzung des Schadens
P1 = möglich
P2 = kaum möglich

Abbildung 3.2: Risikobeurteilung nach ISO 13849 [148]: Die Hinderniserkennung erfordert das Performance Level d (Pfad S2, F2, P1).

werden. Die erfolgreiche Detektion des Hindernisses triggert ein elektronisches Signal, das das mechatronische Bremssystem auslöst. Die Strecke, die in der Reaktionszeit zurückgelegt wird, wird mit der vollen Fahrgeschwindigkeit zurückgelegt. Nach dem Einleiten der Bremsung nimmt die Geschwindigkeit linear ab. Bei fest definiertem Schutzfeld bleibt mit steigender Geschwindigkeit weniger Zeit für die Reaktion – also auch für die Bildverarbeitung. Dies wird durch einen verlängerten Bremsweg bei höheren Geschwindigkeiten verstärkt.
Damit für die automatisierte Fahrzeuglogistik keine zusätzliche Hardware verbaut werden muss, soll der Detektionsalgorithmus auf den ohnehin im Fahrzeug verfügbaren Rechenkapazitäten ausgeführt werden. Die letztlich verbleibende Variable ist die Fahrgeschwindigkeit mit der der Transport durchgeführt wird. Diese kann im vorliegenden Anwendungsfall beliebig abgesenkt werden, ohne dass Kosten entstehen.[152]

Wirtschaftlichkeit Die automatisierte PKW-Logistik verspricht abhängig von der Länge der gefahrenen Wegstrecken Einsparungen im einstelligen Eurobereich.[153] Die niedrigen Einsparungen machen die Verwendung der PKW-Serienausstattung notwendig. Hierdurch entstehen im Betrieb keine weiteren Zusatzkosten. Dies stellt die Motivation der Verwendung der Kamera für die Aufgabe der Hinderniserkennung dieser Arbeit dar. Zudem motiviert es einen rechenarmen Algorithmus, der auf vorhandener Datenverarbeitungshardware ausgeführt werden kann.
Das Training der Anomaliedetektion ist Bestandteil der Inbetriebnahme der automatisierten Fahrzeuglogistik. Durch das kontextabhängige Detektionsmodell muss es auf die Fahrwege angepasst werden. Ein wirtschaftlicher Trainingsaufwand umfasst eine Trainingsfahrt bei der die Normalumgebung trainiert wird.

3.5. Erkenntnisse dieser Arbeit

Die nachfolgenden Kapitel beantworten die Forschungsfrage unter Berücksichtigung der hier gestellten formalen und inhaltlichen Anforderungen. An dieser Stelle wird ein Überblick über die Ergebnisse der Lösungsmodule gegeben. Daraufhin wird die Forschungsfrage und deren Unterforschungsfragen beantwortet.

---

[152] Vgl. Abschnitt 2.1
[153] Wenning et al. (Automated driving for car manufacturers' vehicle logistics) 2020.

Datensatz Für den Zweck dieser Arbeit wurde ein umfassender Simulationsdatensatz entwickelt. Die photorealistische Nachbildung der Produktionsumgebung erlaubte es, eine ausreichende Datenmenge zur Validierung der Anomaliedetektion zu generieren. Es konnten Testfälle aufgestellt werden, die die seltenen, jedoch herausfordernden Umgebungsbedingungen und Objekte enthalten, die in Abschnitt 2.1 und 2.2 hergeleitet wurden. Diese umfassen unbekannte Objekte, die nicht Teil des Trainings waren, aufgrund der Farbe getarnte Hindernisse, Hindernisse ohne erkennbaren Bodenkontakt, visuelle Störungen wie Qualm oder Regen, starke Beleuchtungsunterschiede und Verunreinigungen des Bodens. Es konnte gezeigt werden, dass der Simulationsdatensatz den Vergleich mit konkurrierenden Bildverarbeitungsmethoden erlaubt. Zur Validierung des Simulationsdatensatzes wurde weiterhin ein Realdatensatz entwickelt. Dieser bestätigt die Aussagekraft der auf den Simulationsdaten erzielten Ergebnisse. So geht aus der Evaluierung hervor, dass durch die hohe Simulationsgüte Erkenntnisse von der Simulation auf die Realität übertragen werden können. Dabei spiegelt die geringe Datenmenge des Realdatensatz die Anforderung der wirtschaftlichen Entwicklung wider. Die Annotation entspricht der Zielmetrik des Anwendungsfalls *Stop/Go*. Die Simulationsumgebung liefert zusätzlich die jeweiligen Grundwahrheiten, die zum Training der Vergleichsalgorithmen benötigt werden.

Merkmalsextraktion Die in Kapitel 4 vorgestellten Gestaltungsoptionen werden in Kapitel 6 bewertet. Für den Merkmalsextraktor konnte aufgezeigt werden, dass die verwendete Architektur lediglich einen geringen Einfluss auf die Klassifikationsgüte besitzt. Die Ergebnisse dieser Arbeit zeigen, dass es ein Optimum zwischen der Abstraktion hochdimensionaler Merkmalsvektoren und der Trennschärfe dieser Vektoren gibt. Zudem konnte der Einfluss auf die räumliche Präzision der Hinderniserkennung aufgezeigt werden, da die Auflösung der Merkmalskarte die Position des Hindernisses bestimmt.

Anomaliemodell Für die Modellierung der Merkmalsvektoren im Merkmalsraum konnte eine bessere Performanz der univariaten Gauß-Verteilung festgestellt werden. In der Evaluierung konnte auf dem anwendungsspezifischen Datensatz bei optimaler Wahl des Schwellwerts eine mit der multivariaten Gauß-Verteilung vergleichbare Klassifikationsgüte attestiert werden. Die multivariate Gauß-Verteilung beweist jedoch eine erhöhte

Robustheit bei suboptimaler Wahl des Schwellwerts und ist damit in der Praxis zu bevorzugen. Die Verwendung einer Balanced Distribution konnte im Anwendungsfall keine signifikanten Verbesserungen der Klassifikationsgüte erzielen.

Kontextmodellierung Die Ergebnisse der Validierung ergründen den Zielkonflikt zwischen der Datenquantität und der -qualität. Die Einteilung des Bildes in zwei Bereiche stellt einen geeigneten Kompromiss beider Zielgrößen dar. Dabei werden alle Merkmalsvektoren des befahrbaren Bodens in ein Normalitätsmodell gespeist. Es konnte aufgezeigt werden, dass auf diese Weise genügend Trainingsdaten vorhanden sind und gleichzeitig die Varianz der Bildbereiche gering genug ist, um eine hohe Klassifikationsgüte zu erzielen.
Aus der Arbeit geht weiterhin hervor, dass die Reduzierung der Trainingsdaten je Normalitätsmodell für die Modellierung des zeitlichen Kontextes eine Verschlechterung der Klassifikationsgüte zur Folge hat. Das dynamische Normalitätsmodell erstellt daher erst dann eine neue Gauß-Verteilung für den Untergrund, wenn die Abweichungen zu groß werden. In der Evaluierung konnte die praktische Eignung des dynamischen Normalitätsmodells unter Beweis gestellt werden.

Nachverarbeitung Ausreißer der stochastischen Mahalanobis-Werte konnten erfolgreich durch einen Mittelwert-Filter geglättet werden. Die Klassifikation der Bildbereiche erfolgt anhand eines berechneten Schwellwerts. In der vorliegenden Arbeit konnte theoretisch gezeigt werden, dass der so gewählte Schwellwert die geforderte Robustheit erreicht, die Sicherheit jedoch kein direkter Modellparameter ist. Sie kann daher nur in Tests untersucht werden. Die für einen Halt des Fahrzeugs ausschlaggebenden Bildbereiche werden analog zu Fahrerlosen Transportsystemen mittels einer Sicherheitszone festgelegt. Die zweidimensionale Betrachtung berücksichtigt keine Objekte ohne sichtbaren Bodenkontakt.

Beantwortung der Forschungsfrage

Die vorliegende Arbeit zielt auf die Beantwortung der Frage ab, ob eine visuelle Hinderniserkennung im Anwendungsfall der Fahrzeugautomatisierung im End-of-Line-Bereich mithilfe einer kontextabhängigen Anomaliedetektion umgesetzt werden kann. Mit Blick auf die Validierungsergebnisse dieser Arbeit ist die Forschungsfrage zunächst mit Ja zu beantworten. Es konnte gezeigt werden, dass keinerlei Hindernisse übersehen werden. Gefährliche Kollisionen mit Hindernissen sind nach den Untersuchungen der Detektionsgrenzen in dieser Arbeit nur bei Ausfall der künstlichen Beleuchtung und bei schwebenden Objekten wahrscheinlich. Visuelle Störungen und Bodenverunreinigungen können zu Fehldetektionen führen, die den wirtschaftlichen Betrieb erschweren, jedoch kein Sicherheitsrisiko darstellen.

Eine abschließende Beantwortung der Forschungsfrage kann diese Arbeit jedoch nicht liefern. Die Defizite Künstlicher Neuronaler Netze beim Einsatz in sicherheitskritischen Anwendungen sind Gegenstand aktueller Forschung. Der Sicherheitsnachweis, der im Bereich der Funktionalen Sicherheit erforderlich ist, kann für die Anomaliedetektion nicht geliefert werden.

Die Validierungsergebnisse zeigen die Vorteile gegenüber dem Stand der Technik der Bildverarbeitungsmethoden. Das in dieser Arbeit durchgeführte Benchmarking der Anomaliedetektion mit der Semantischen Segmentierung und der Tiefenbildprädiktion beweist den reduzierten Trainingsaufwand. Während die Vergleichsalgorithmen mehr als 15.000 Bilder benötigen, kommt die Anomaliedetektion auf Basis des hybriden Modells mit weniger als 500 Bildern aus. Das Verfahren der Anomaliedetektion erübrigt dabei vollständig die arbeitsintensiven Annotationen der Trainingsbilder. Hieraus begründet sich die praktische Eignung des Verfahrens für mittelständische Unternehmen. Unter Einhaltung bestimmter Voraussetzungen wurden in den Untersuchungen keine Hindernisse übersehen. Dies ist ein Hinweis auf die Zuverlässigkeit der Anomaliedetektion. Der Sicherheitsnachweis steht damit noch aus.

4. Entwicklung der Hinderniserkennung

Das folgende Methodenkapitel erläutert zunächst die Gesamtarchitektur des hybriden Modells der Anomaliedetektion. Im weiteren werden die Teilmodelle und die verwendeten Gestaltungsoptionen beschrieben. Als Merkmalsextraktoren werden moderne KNN vorgestellt, die sich in verschiedenen Disziplinen bewährt haben. Die untersuchten Anomaliemodelle basieren auf der Modellierung durch Wahrscheinlichkeitsverteilungen und die Abstandsberechnung nach MAHALANOBIS. Durch kontextabhängige Anomaliemodelle kann der Ort der Objekte und des Fahrzeugs berücksichtigt werden. In der Nachverarbeitung werden die prozessierten Daten dann zu einer binären Fahrentscheidung verdichtet. Schließlich werden zwei Benchmark-Algorithmen erläutert, die zum Vergleich mit der Anomaliedetektion dienen.

4.1. Gesamtarchitektur

Die in Abbildung 4.1 dargestellte Architektur einer hybriden Anomaliedetektion besteht aus einem tiefen Merkmalsextraktor und einem flachen Klassifikator – dem Anomaliemodell. Für die Merkmalsextraktion aus Bildern wird ein tiefes Convolutional Neural Network (CNN) auf einem öffentlich verfügbaren Datensatz vortrainiert.
Während des Trainings werden die n hindernisfreien Trainingsbilder der Dimensionalität $a \times b \times 3$ durch das CNN prozessiert. Die drei Kanäle stehen dabei für Farbbilder aus dem RGB-Farbraum. Die aus einer Zwischenschicht des CNNs extrahierten n Merkmalskarten besitzen die Dimensionen $x \times y \times D$, die von dem verwendeten CNN abhängen. Grundsätzlich wird durch die Faltungen eine Erhöhung der Merkmalsdimension D erreicht. Aus den Merkmalskarten wird im Training das Normalitätsmodell aufgestellt. Die in dieser Arbeit untersuchten Normalitätsmodelle bilden die Merkmalsvektoren der Merkmalskarten dafür in einen D-dimensionalen Raum ab. Dort werden die Merkmalsvektoren durch eine Wahrscheinlichkeitsverteilung modelliert.
In der Testphase wird das Eingangsbild durch den selben Merkmalsextraktor prozessiert. Die Vektoren der Merkmalskarte werden dann mit dem Normalitätsmodell verglichen. Die Mahalanobis-Distanz ist dabei ein Maß für die Wahrscheinlichkeit, dass der Merkmalsvektor der Wahrscheinlichkeitsverteilung des Normalitätsmodells entstammt. Je Merkmalsvektor

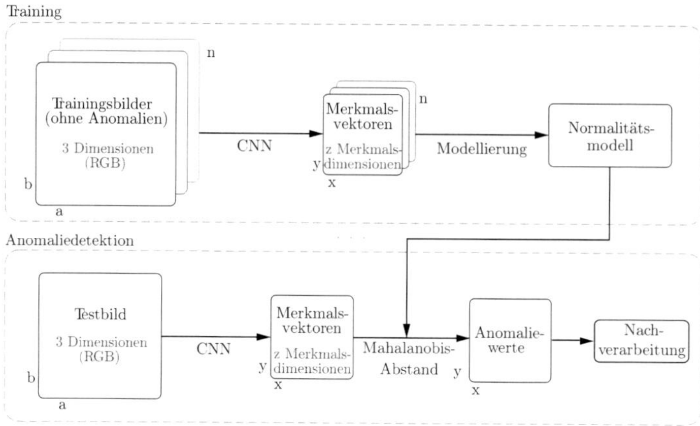

Abbildung 4.1: Basis-Architektur der Anomaliedetektion: Erstellung eines Normalitätsmodells in der Trainingsphase (oben), Detektion durch Vergleich der extrahierten Merkmalsvektoren mit dem Normalitätsmodell (unten).

wird eine Mahalanobis-Distanz generiert. Je Eingangsbild entsteht so eine Matrix von Anomaliewerten, die in der Nachverarbeitung gefiltert und zu einem Wert aggregiert werden. Ein Schwellwert bestimmt schließlich, ob es sich um ein Hindernis handelt.

4.2. Merkmalsextraktion

Der Stand der Technik hat bereits gezeigt, dass tiefe CNN in der Lage sind diskriminitive Merkmale aus Bildern zu extrahieren. Dies ist sogar dann der Fall, wenn das CNN auf einem Datensatz trainiert wurde, der sich stark vom Testdatensatz unterscheidet.[154] In dieser Arbeit werden unterschiedliche Architekturen von Merkmalsextraktoren untersucht. Bei VGG handelt es sich um einen vergleichsweise alten, einfachen Klassifikator. ResNet hingegen ist leistungsfähiger, jedoch vielfach komplexer. MobileNet verspricht einen Kompromiss aus Effizienz und Klassifikationsgüte. Es ist für den Anwendungsfall besonders geeignet, da es für mobile Prozessoren

[154] Rippel et al. (Modeling the Distribution of Normal Data in Pre-Trained Deep Features for Anomaly Detection) 2020.

optimiert ist.
Für eine bessere Reproduzierbarkeit werden die vortrainierten, öffentlich verfügbaren Netzwerkgewichtungen verwendet. Detailliertere Informationen zu den Netzwerkkonfigurationen können dem Anhang A entnommen werden.

4.2.1. VGG-Netz

In dieser Arbeit soll das Netz VGG[155] die flachste Architektur der Merkmalsextraktoren darstellen. Dies hat in einer praktischen Anwendung den Vorteil, dass die Berechnungen schnell durchführbar sind. Das Netz existiert in vier unterschiedlich tiefen Konfigurationen mit 11, 13, 16 und 19 Layern. In der Literatur haben ANDREWS et al.[156] und CHRISTIANSEN et al.[157] bereits den erfolgreichen Einsatz von VGG16 in einem hybriden Modell beschrieben.

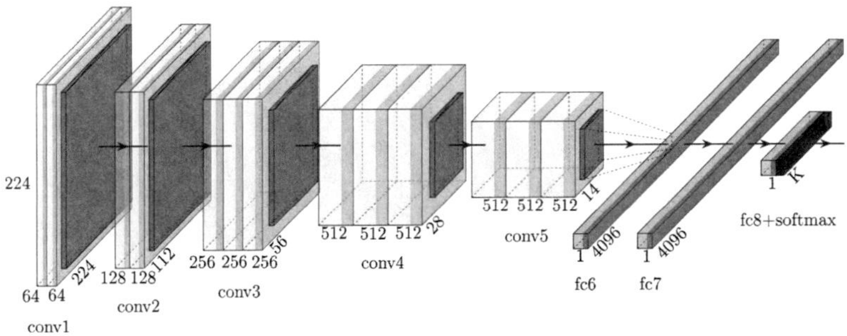

Abbildung 4.2: Architektur des Künstlichen Neuronalen Netzes VGG16 nach SIMONYAN et al.[158]: Fünf Blöcke mit Convolutional Layern und drei Fully-Connected-Layer.

[155] Simonyan et al. (Very Deep Convolutional Networks for Large-Scale Image Recognition) 2014.
[156] Andrews et al. (Transfer Representation-Learning for Anomaly Detection) 2016.
[157] Christiansen et al. (DeepAnomaly: Combining Background Subtraction and Deep Learning for Detecting Obstacles and Anomalies in an Agricultural Field) 2016.
[158] Simonyan et al. (Very Deep Convolutional Networks for Large-Scale Image Recognition) 2014

VGG16 besitzt fünf Blöcke bestehend aus mehreren Convolutional Layern, die jeweils durch einen Max-Pooling-Layer getrennt werden, vgl. Abbildung 4.2. Die drei letzten Layer sind dabei Fully-Connected-Layer (dt. vollständig verbundene Schichten). Insgesamt kommt das vergleichsweise alte CNN so auf lediglich 16 Layer.
Für die Anomaliedetektion kommen die Feature-Maps der Blöcke 3, 4 und 5 zum Einsatz. Im letzten Block haben die Merkmalsvektoren 512 Einträge. Die Dimension der Eingangsbilder hat sich von 224 × 224 auf Merkmalskarten der Größe 14 × 14 reduziert.

4.2.2. ResNet

Mit ResNet[159] wurden die *Residual Neural Networks* erfunden. Diese sehr erfolgreiche Art der CNNs zeichnet sich durch zusätzliche, sog. Skip-Verbindungen aus. Die Skip-Verbindungen überspringen die Convolutional Layer und verhindern so, dass die für das Lernen notwendigen Gradienten in tiefer werdenden CNNs verschwinden. Im Resultat lassen sich Netze trainieren die 200 Layer tief sind.[160]
Für diese Arbeit werden unterschiedlich tiefe Netzwerkvarianten von ResNet50V2 gewählt, dessen Aufbau in Abbildung 4.3 dargestellt ist. Die 50 Layer sind in fünf Blöcken organisiert. Die Ausgänge der letzten drei Blöcke werden in dieser Arbeit als Merkmalsextraktoren untersucht. Damit haben die erzeugten Merkmalsvektoren eine Länge von 512 bis zu 2048 Einträgen. ResNet50V2 verarbeitet – ähnlich wie viele weitere CNN, die auf dem Datensatz ImageNet trainiert werden – mit Bildern der Auflösung 224 × 224 Pixel. Die Merkmalskarte hat nach dem letzten Layer eine Auflösung von 7 × 7 Merkmalsvektoren.

4.2.3. MobileNet

MobileNetV2[162] beruht auf den Erkenntnissen von von He et al.[163] zu Residual Neural Networks. Die Architektur ist speziell auf die Anforderungen von mobilen Endgeräten zugeschnitten. MobileNet zeichnet sich durch *Bottlenecks* (dt. Flaschenhälse) und *Inverted Residuals* (dt. Invertierte

---

[159] He et al. (Deep Residual Learning for Image Recognition) 2015.
[160] He et al. (Identity Mappings in Deep Residual Networks) 2016.
[161] He et al. (Deep Residual Learning for Image Recognition) 2015
[162] Sandler et al. (MobileNetV2: Inverted Residuals and Linear Bottlenecks) 2019.
[163] He et al. (Deep Residual Learning for Image Recognition) 2015.

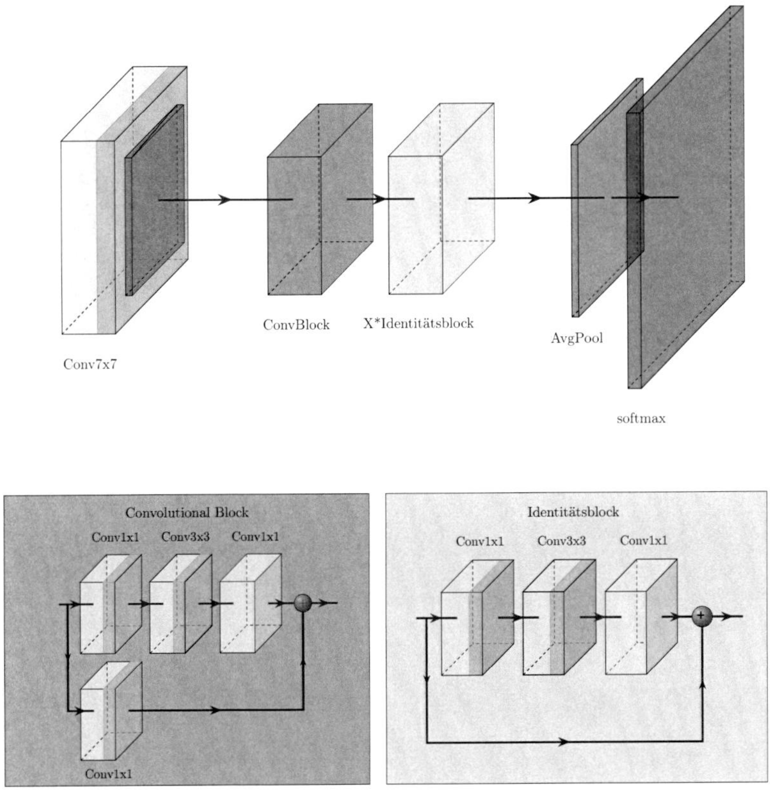

Abbildung 4.3: Architektur des Künstlichen Neuronalen Netzes ResNet50 nach He et al.[161]: Die Kombination aus ConvBlock und x · Identitätsblock wird viermal wiederholt mit $x = \{2, 3, 5, 2\}$.

Residuen) aus. SANDLER et al.[164] zeigen, dass so trotz vergleichsweise weniger Gewichtungen und einer schnellen Inferenz gute Klassifikationen auf verschiedenen Datensätzen erreicht werden können. Abbildung 4.4 zeigt die Architektur, bestehend aus insgesamt 17 Bottleneck Residual Blocks (BRB). Jeder dieser BRB besteht aus drei aufeinanderfolgenden Faltungen und einer Skip-Verbindung. In MobileNetV2 werden die BRBs in sechs Größen gruppiert und wiederholt durchlaufen. So kann das CNN mit vergleichsweise wenigen Gewichtungen auskommen.
In dieser Arbeit werden sieben verschiedene Layer von MobileNetV2 untersucht. Während die Merkmalsvektoren nach dem ersten BRB nur eine Länge von 32 Werten aufweisen (Merkmalskarte mit der Größe 28×28), sind es nach dem letzten Layer 1280 Werte und eine Merkmalskarte der Größe 7×7.

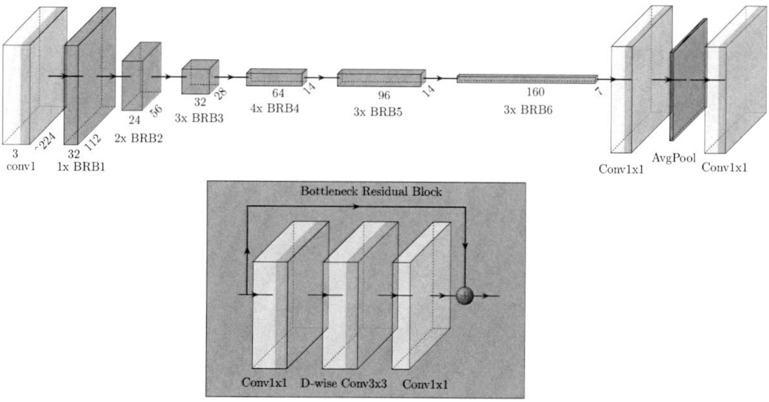

Abbildung 4.4: Architektur des Künstlichen Neuronalen Netzes MobileNetV2 nach SANDLER et al.[165]: Die insgesamt 17 Bottleneck Residual Blocks (BRB) werden in sieben verschiedene Größen gruppiert.

[164] Sandler et al. (MobileNetV2: Inverted Residuals and Linear Bottlenecks) 2019.
[165] ebd. 2019

4.3. Anomaliemodell

Nach der Merkmalsextraktion ist der flache Klassifikator der zweite Teil der hybriden Anomaliedetektion. Dazu wird im halb-überwachten Training mithilfe der Normaldaten ein Normalitätsmodell erstellt. In der Testphase wird dann auf Basis des Normalitätsmodells der Anomaliewert berechnet und mit einem Schwellwert verglichen, um die Daten zu klassifizieren. Das Anomaliemodell beinhaltet damit das Normalitätsmodell und ergänzt dieses durch die Berechnung des Mahalanobis-Abstands.
Im Stand der Technik wurden in Abschnitt 2.3 bereits hybride Modelle diskutiert, die auf unterschiedliche flache Klassifikatoren zurückgreifen. Klassifikatoren, die die Normaldaten mithilfe von Gauß-Verteilungen modellieren, haben sich als besonders vielversprechend herausgestellt. Da die wahre Verteilung der Merkmalsvektoren im hochdimensionalen Merkmalsraum jedoch unbekannt ist, handelt es sich bei der Modellierung mittels Gauß-Verteilung um eine Annahme. Die Qualität der Klassifikation entscheidet darüber, ob diese Annahme gerechtfertigt ist.

4.3.1. Multivariate Gauß-Verteilung

Die Normaldaten, bestehend aus den Merkmalsvektoren $\boldsymbol{x}_1, ..., \boldsymbol{x}_N \in \mathbb{R}^D$ werden durch die Wahrscheinlichkeitsdichtefunktion $\mathcal{N}_{MVG}$ modelliert.

$$\mathcal{N}_{MVG}(\boldsymbol{x} \mid \boldsymbol{\mu}, \boldsymbol{\sigma}^2) = \frac{1}{(2\pi)^{\frac{D}{2}} |\boldsymbol{\Sigma}|^{\frac{1}{2}}} \exp\left\{-\frac{1}{2}(\boldsymbol{x}-\boldsymbol{\mu})^T \boldsymbol{\Sigma}^{-1}(\boldsymbol{x}-\boldsymbol{\mu})\right\}$$

Dabei bezeichnet $\boldsymbol{\mu} \in \mathbb{R}^D$ den Mittelwert und $\boldsymbol{\Sigma} \in \mathbb{R}^{D \times D}$ die symmetrische Kovarianzmatrix; $|\cdot|$ die Determinante.
Zur Berechnung des Anomaliewerts wird die Mahalanobis-Distanz verwendet. MAHALANOBIS führte sie 1936 als ein Maß für die Wahrscheinlichkeit ein, dass der untersuchte Merkmalsvektor $\boldsymbol{x}$ zur Klasse der modellierten Normaldaten der Verteilung $\mathcal{N}_{MVG}(\boldsymbol{\mu}, \boldsymbol{\sigma}^2)$ gehört.[166] Im Gegensatz zur euklidischen Abstandsberechnung zweier Punkte im Raum, berücksichtigt die Mahalanobis-Distanz die Streuung der Normaldaten. Damit kann die Mahalanobis-Distanz bei gleichem euklidischen Abstand zweier Vektoren unterschiedliche Wahrscheinlichkeiten für die Klassenzugehörigkeit unterscheiden.

[166] Mahalanobis (On the generalized distance in statistics) 1936.

$$\mathcal{M}_{SVG}(\boldsymbol{x} \mid \boldsymbol{\mu}, \boldsymbol{\Sigma}) = \sqrt{(\boldsymbol{x}-\boldsymbol{\mu})^T \, \boldsymbol{\Sigma}^{-1} \, (\boldsymbol{x}-\boldsymbol{\mu})}$$

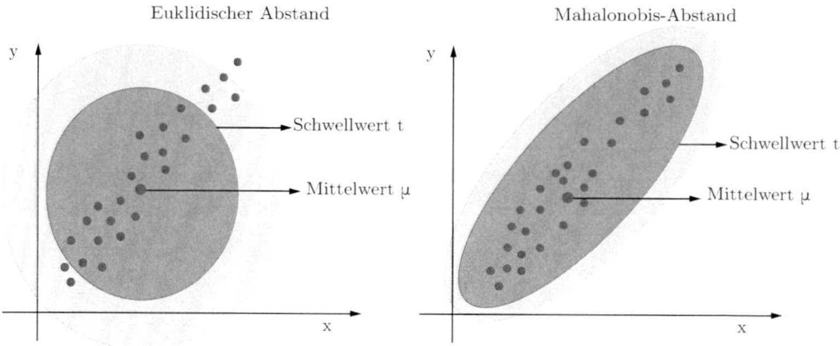

Abbildung 4.5: Euklidischer Abstand (links) und Mahalanobis-Abstand (rechts) im zwei-dimensionalen Raum: Der Mahalanobis-Abstand berücksichtigt die Varianz der Verteilung.

Das Normalitätsmodell wird durch den Mittelwert $\boldsymbol{\mu}$ und die Kovarianz-Matrix $\boldsymbol{\Sigma}$ repräsentiert. Da die tatsächliche Wahrscheinlichkeitsverteilung der Merkmalsvektoren unbekannt ist und im Training des Modells lediglich eine vergleichsweise kleine Stichprobe verwendet wird, wird der empirische Mittelwert $\hat{\boldsymbol{\mu}}$ und die empirische Varianz $\hat{\boldsymbol{\Sigma}}$ auf Basis der N Merkmalsvektoren $\boldsymbol{x}_n$ geschätzt.

$$\hat{\boldsymbol{\mu}} = \frac{1}{N} \sum_{n=1}^{N} \boldsymbol{x}_n$$

$$\hat{\boldsymbol{\Sigma}} = \frac{1}{N-1} \sum_{n=1}^{N} (\boldsymbol{x}_n - \hat{\boldsymbol{\mu}})(\boldsymbol{x}_n - \hat{\boldsymbol{\mu}})^T$$

Die Kovarianz-Matrix wird singulär, wenn für die Stichprobengröße $D > N$ gilt. Eine gute Schätzung lässt sich nur mit einer deutlich größeren Stichprobe berechnen. Hierin liegt ein Zielkonflikt der Anomaliedetektion. Die abstrakteren Merkmalsvektoren der CNN sind unabhängiger von kleinen Änderungen im Bild wie Beleuchtungswechseln. Da die abstrakteren

Merkmalsvektoren aber mehr Dimensionen besitzen, steigt die für ein erfolgreiches Training benötigte Datenmenge.
Weiterhin ist die Schätzung sensitiv gegenüber Ausreißern.[167] Den Normaldaten, die für das Training der Anomaliedetktion verwendet werden, kommt daher eine besondere Rolle zu. Sie müssen frei von Hindernissen sein. Zu untersuchen gilt es, ob Bodenmarkierungen oder Verschmutzungen als seltene normale Ereignisse die Schätzung negativ beeinflussen.

4.3.2. Univariate Gauß-Verteilung

CHRISTIANSEN et al.[168] verglichen bereits unterschiedliche Klassifikatoren bezüglich der Detektionsgüte und Berechnungszeit in einem vergleichbaren Anwendungsfall. Ihre Ergebnisse legen die Verwendung der univariaten Gauß-Verteilung nahe, die ähnlich gute Ergebnisse liefert wie die multivariate Gauß-Verteilung, dabei jedoch deutlich performanter ist.
Die univariate Gauß-Verteilung $\mathcal{N}_{SVG}$ (engl. Single Variate Gaussian SVG) stellt einen Sonderfall der multivariaten Gauß-Verteilung dar. Hierbei wird für jede Merkmalsdimension separat der Mittelwert μ_i und die Varianz σ_i^2 berechnet. Dies hat zur Folge, dass Korrelationen zwischen den Dimensionen nicht berücksichtigt werden. Der Anomaliewert wird dann durch die vereinfachte Mahalanobis-Distanz $\mathcal{M}_{SVG}$ repräsentiert, die als standardisierte euklidische Distanz bezeichnet wird.

$$\mathcal{N}_{SVG}(x_i \mid \mu_i, \sigma_i^2) = \frac{1}{\sqrt{2\pi}\sigma} \exp\left\{ -\frac{1}{2\sigma^2}(x_i - \mu_i)^2 \right\}, \quad i = 1, ..., D$$

$$\mathcal{M}_{SVG}(\boldsymbol{x} \mid \boldsymbol{\mu}, \boldsymbol{\sigma}^2) = \sqrt{\sum_{i=1}^{D} \frac{(x_i - \mu_i)^2}{{\sigma_i}^2}}$$

4.3.3. Einstellen des Arbeitspunktes

Die vorangegangene Modellierung der Normaldaten mittels Wahrscheinlichkeitsverteilungen ermöglicht es für einen neuen Merkmalsvektor die Wahrscheinlichkeit der Klassenzugehörigkeit anzugeben. Auf Basis dieser Wahrscheinlichkeit soll im Folgenden der Arbeitspunkt bestimmt werden,

167 Devlin et al. (Robust estimation and outlier detection with correlation coefficients) 1975.

168 Christiansen et al. (DeepAnomaly: Combining Background Subtraction and Deep Learning for Detecting Obstacles and Anomalies in an Agricultural Field) 2016.

welche Merkmalsvektoren abhängig von der geforderten Falsch-Negativ-Rate als anormal klassifiziert werden sollen.

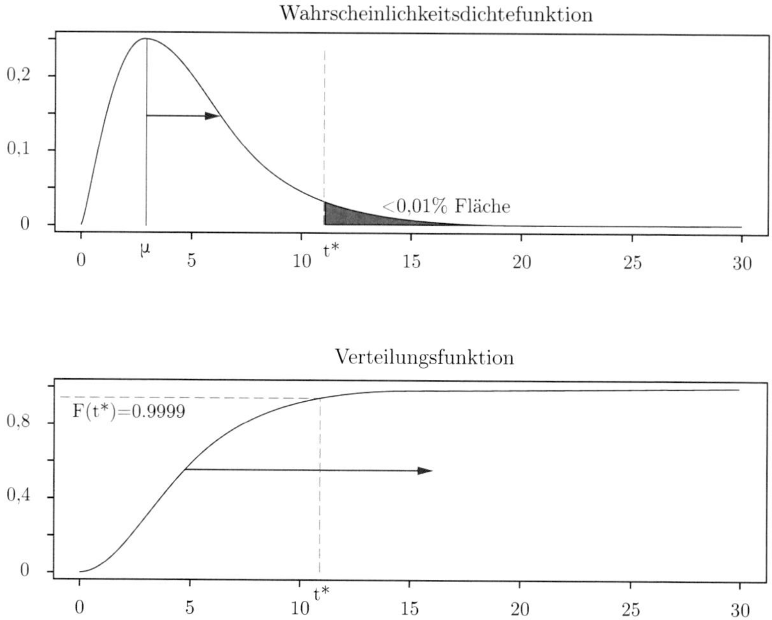

Abbildung 4.6: Wahrscheinlichkeitsdichtefunktion und Verteilungsfunktion der χ^2-Verteilung: Die Mahalanobis-Distanzen der Normaldaten sind χ^2-verteilt. Die Verteilung erlaubt die Bestimmung des Schwellwerts t^* in Abhängigkeit der tolerierten Falsch-Positiv-Rate.

Die Mahalanobis-Distanz $\mathcal{M}_{MVG}$ ist Chi-Quadrat-verteilt mit D Freiheitsgraden. Abbildung 4.6 zeigt die zugehörige Wahrscheinlichkeitsdichtefunktion f_D.[169]

[169] Gallego et al. (On the Mahalanobis Distance Classification Criterion for Multidimensional Normal Distributions) 2013.

$$f_D(t) = \frac{t^{\frac{D}{2}-1}e^{-\frac{t}{2}}}{2^{\frac{D}{2}}\Gamma(\frac{D}{2})}, \quad r \geq 0$$

Der Erwartungswert der Chi-Quadrat-Verteilung liegt bei $\mu = D$, die Varianz beträgt $\sigma^2 = 2\,D$. Somit vergrößert sich der im Mittel zu erwartende Mahalanobis-Abstand mit der steigenden Dimensionalität des Merkmalraums. Die Varianz zeigt, dass die Streuung der Mahalanobis-Abstände abstrakterer Merkmalsvektoren zunimmt.

Die Kurve bestimmt die Falsch-Positiv-Rate des Klassifikators. Gemäß den Anforderungen an die Robustheit der Anomaliedetektion, vgl. Kapitel 3.4.2, muss der Schwellwert t^* so gewählt werden, dass 99,9999 % der Fläche unter der Kurve links von diesem liegen. Mahalanobis-Abstände von Normaldaten, die über dem Schwellwert liegen, werden fälschlicherweise als Anomalien klassifiziert. An dieser Stelle wird ein weiterer Zielkonflikt deutlich. Die abstrakteren und damit hochdimensionalen Merkmalsvektoren führen zu breiter gestreuten Mahalanobis-Abständen, die eine fehlerfreie Trennung der Klassen *normal/anormal* erschweren.
Mithilfe der Verteilungsfunktion F_D in Abbildung 4.6 lässt sich der Schwellwert bestimmen, ab dem die geforderte Falsch-Positiv-Rate unterschritten wird.

$$F_D(r) = \frac{\gamma(\frac{D}{2}, \frac{t}{2})}{\Gamma(\frac{D}{2})} \quad \text{mit} \quad \Gamma(s) = \int_0^\infty r^{s-1}e^{-r}\mathrm{d}r$$

$$\gamma(c, s) = \int_0^s r^{c-1}e^{-r}\mathrm{d}r$$

Dabei bezeichnet $\Gamma(s)$ die Gammafunktion für $s > 0$ und $\gamma(c, s)$ die untere unvollständige Gammafunktion. Mithilfe von F_D lässt sich der Schwellwert t^* herleiten.[170]

[170] Ebd. 2013.

$$
\begin{aligned}
p(||\boldsymbol{x} - \boldsymbol{\mu}||_\Sigma \leq t^*) &= 1 - FPR \\
&= p(M < t^*) \\
&= p(M^2 < t^{*2}) = F_D(t^{*2}) \\
&= \frac{\gamma(\frac{D}{2}, \frac{t^{*2}}{2})}{\Gamma(\frac{D}{2})} \\
\Rightarrow t^* &= \sqrt{F_D^{-1}(1 - FPR)}
\end{aligned}
$$

Der Zusammenhang erlaubt die Bestimmung des Arbeitspunktes der Anomaliedetektion abhängig von der geforderten Falsch-Positiv-Rate FPR. So lässt sich für jede beliebige FPR ein entsprechender Schwellwert bestimmen. Die Formel macht jedoch keine Aussage über die Falsch-Negativ-Rate FNR, die sich bei geringerer FPR erhöht. Einen analogen Zusammenhang für die FNR – und damit eine theoretische Abschätzung für die Sicherheit der Anomaliedetektion – kann es nicht geben. Hierfür müsste die Verteilung der Anomalien im Merkmalsraum bekannt sein. Die Abschätzung der FNR kann also nur über das Experiment erfolgen.

4.3.4. Balanced Distribution

Bouindour et al.[171] stellen mit der Balanced Distribution ein Verfahren vor, das Fehlklassifikationen von seltenen Objekten vorbeugt. Diese können, obwohl es sich nicht um Anomalien handelt, als solche klassifiziert werden, da sie im Vergleich mit den Normaldaten zu selten im Datensatz vertreten sind. Um diesen Effekt bei der Modellierung mit Gauß-Verteilungen zu verhindern, werden nur die Stichproben des Trainingsdatensatzes der Verteilung hinzugefügt, die noch nicht genügend in der Verteilung vorhanden sind. Der Ablauf des Algorithmus ist detaillierter in Abschnitt 2.3.2 beschrieben.

Die Balanced Distribution erfordert die Wahl von drei Parametern, die laut Bouindour et al. mit Hinblick auf die Größe der resultierenden Verteilung gewählt werden sollen. In dieser Arbeit wird die initiale Anzahl an Merkmalsvektoren auf $N = 500$ gesetzt. Der Lern-Schwellwert $\alpha =$

[171] Bouindour et al. (An On-Line and Adaptive Method for Detecting Abnormal Events in Videos Using Spatio-Temporal ConvNet) 2019.

$\frac{1}{n}\sum_{i=1}^{n}\mathcal{M}_{SVG}(\boldsymbol{x}_i)$ berechnet sich aus dem Mittelwert der Mahalanobis-Distanzen eines SVG-Modells. Zusammen mit dem Stutzungsparameter $\eta = 0,5$ resultiert dies in einer kompakten Verteilung, die lediglich 10 % der Merkmalsvektoren verwendet.

4.4. Kontextmodellierung

Üblicherweise werden die Merkmalsvektoren aller Trainingsbilder mittels einer einzigen Gauß-Verteilung modelliert. Um die Klassifikationsgüte der Anomaliedetektion weiter zu verbessern und Objekte in Abhängigkeit ihrer Position im Raum zu klassifizieren, soll der Algorithmus berücksichtigen, an welcher Stelle sich die extrahierten Merkmalsvektoren befinden. Dies soll über ein positions- oder kontextabhängiges Normalitätsmodell geschehen. Dabei kann in Anlehnung an CHRISTIANSEN et al. die Objektposition im Bild berücksichtigt werden oder die Fahrzeugposition im Raum. Da sich die Fahrzeugposition mit der Zeit ändert, handelt es sich hierbei um Normalitätsmodelle mit zeitlichem Kontext.

4.4.1. Räumlicher Kontext

Bei der räumlichen Kontextmodellierung werden die Merkmalsvektoren des gesamten Datensatzes bezüglich ihrer Position im Bildrahmen unterschieden. Damit können Objekte anhand ihrer Position im Bild klassifiziert werden. Die Fahrzeugposition hat keinen Einfluss auf die Normalitätsmodelle mit räumlichem Kontext. In dieser Arbeit werden die drei verschiedenen Varianten der räumlichen Kontextmodellierung in Abbildung 4.7 betrachtet.

Variante 1 zeigt die Erstellung eines Normalitätsmodells für den gesamten Traininsgdatensatz. Hiermit stehen selbst bei hochdimensionalen Merkmalsvektoren ausreichend Daten für die Schätzung der Kovarianzmatrix zur Verfügung. In der Folge ist das Modell stabil. Jedoch werden Objekte vom Bildrand und Objekte aus der Bildmitte ohne eine Information über deren Ursprung gleichermaßen im Normalitätsmodell berücksichtigt. Dies birgt das Risiko, dass eine Absperrung auf der Fahrbahn nicht als Hindernis erkannt wird, da sie während des Trainings bereits am Fahrbahnrand zu sehen war.

In Variante 2 fließen die Merkmalsvektoren nicht in ein gemeinsames Normalitätsmodell. Stattdessen wird je Bildbereich ein separates Modell erstellt. Dadurch findet die Position der extrahierten Merkmale im Bild

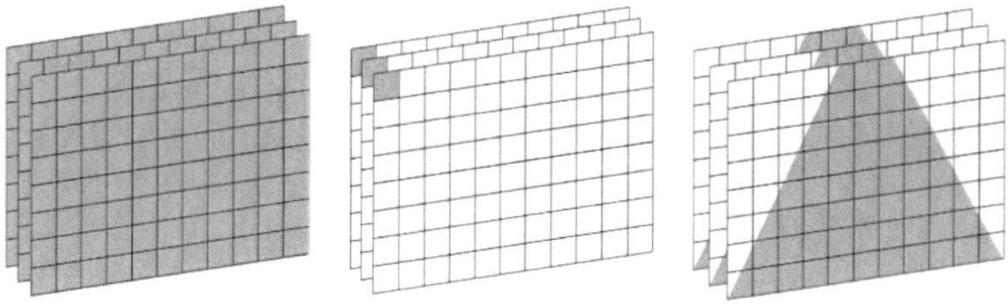

Abbildung 4.7: Varianten zur räumlichen Kontextmodellierung: Variante 1) ein Normalitätsmodell für die gesamte Fahrzeugumgebung; Variante 2) ein Normalitätsmodell je Bildbereich; Variante 3) ein Normalitätsmodell für die Fahrbahn.

Berücksichtigung. Nachteilig ist jedoch, dass sich durch die Fahrzeugbewegung die Umgebung durch das Bild bewegt. Die festen Bildbereiche korrespondieren daher nicht mit immer gleichen Objekten der Umgebung. Zudem wird die Datenmenge, die für die Modellierung zur Verfügung steht, erheblich reduziert.
Bei Variante 3 wird die Fahrzeugumgebung mithilfe einer Kontextkarte semantisch unterteilt. Alle Merkmalsvektoren der gesamten Trainingsdaten, die der Fahrbahn entspringen, werden mit einer Verteilung modelliert. Dadurch stehen ausreichend viele Merkmalsvektoren zur Verfügung, gleichzeitig sind diese einem semantischen Kontext zugehörig. Dies verspricht eine geringere Varianz, als wenn visuell stark unterschiedliche Bildbereiche in einem Modell abgebildet werden.
Für die vielversprechende Variante 3 soll der Einfluss der Größe der Kontextkarte untersucht werden. Abbildung 4.8 zeigt drei unterschiedlich große Kontextkarten. Die Größe bestimmt die Anzahl der verfügbaren Merkmalsvektoren als auch die in der Kontextkarte liegenden Objekte. Wird ein Merkmalsextraktor gewählt, der jedes Bild zu 1200 Merkmalsvektoren prozessiert, werden bei der kleinen Kontextkarte 310 Merkmalsvektoren für die Bildung des Normalitätsmodells verwendet. Die resultierende Größe entspricht der der Sicherheitszone vor dem Fahrzeug[172]. Die mittlere Größe der Kontextkarte entspricht in etwa der Größe der freien Fahrbahn. Hier werden 620 Merkmalsvektoren jedes Bildes für das Normalitätsmodell entnommen. Bei der großen Kontextkarte wird die Anzahl auf 910 erhöht.

[172] Vgl. Abschnitt 4.5

Durch die erhöhte Anzahl der Merkmalsvektoren erhöht sich ebenso die Anzahl der Objekte, die mit modelliert werden. Wie in den Abschnitten zuvor gilt es hier einen geeigneten Kompromiss zwischen der benötigten Datenmenge und der geeigneten Auswahl der Merkmalsvektoren zu finden.

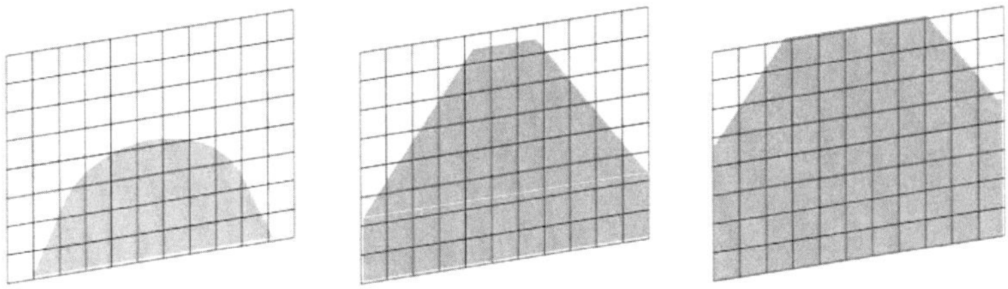

Abbildung 4.8: Größen der Kontextkarte: Klein) Kontextkarte in der Größe des Sicherheitsbereichs vor dem Fahrzeug; Medium) Kontextkarte in der Größe der Fahrbahn; Groß) Kontextkarte größer als Fahrbahn.

4.4.2. Zeitlicher Kontext

Durch die zeitliche Kontextmodellierung wird die Fahrzeugbewegung explizit im Normalitätsmodell berücksichtigt. Die Fahrzeugbewegung führt nicht nur zu veränderten Objekten in der Umgebung, sie kann ebenfalls Umgebungsbedingungen, wie die Helligkeit oder den Untergrundbelag ändern.

Abbildung 4.9 zeigt die Anpassungsoptionen des Normalitätsmodells abhängig von der Fahrzeugposition und damit von der Zeit. Option 1 verwendet für die gesamte Fahrt ein Normalitätsmodell. Bilder aus dem Innenbereich, sowie aus dem Außenbereich werden in einem Merkmalsraum modelliert. Dadurch steigt die verfügbare Datenmenge, jedoch ist unbekannt, inwiefern die entstehende Verteilung im Merkmalsraum durch die unimodalen Gauß-Verteilungen modelliert werden kann.

In Option 2 existieren viele Normalitätsmodelle. Das an der jeweiligen Position zu verwendende Modell umfasst lediglich die Bilder, die der direkten Umgebung entstammen. Dabei muss die Größe dieser Umgebung so gewählt werden, dass für jedes Normalitätsmodell eine ausreichende

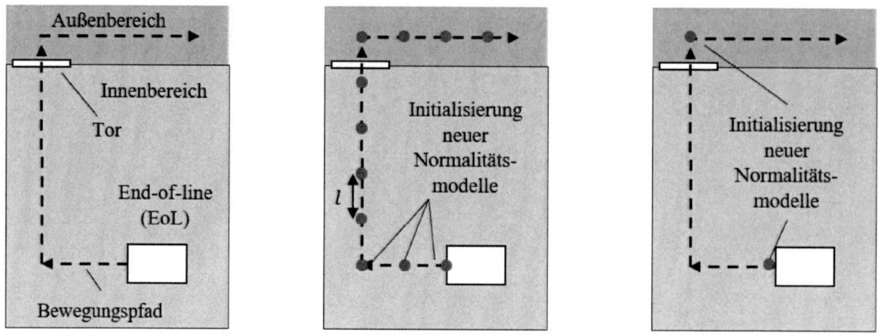

Abbildung 4.9: Optionen zur zeitlichen Kontextmodellierung: Option 1) ein Normalitätsmodell für die gesamte Fahrtstrecke; Option 2) Beginn eines neuen Normalitätsmodells nach statisch definiertem Abstand; Option 3) Beginn eines neuen Normalitätsmodells nach veränderter Umgebung.

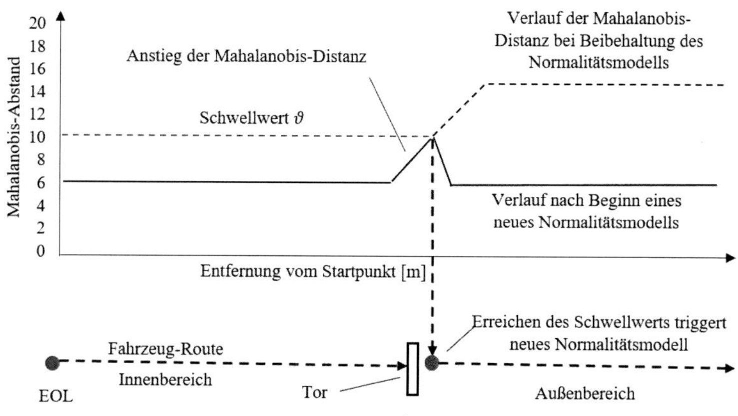

Abbildung 4.10: Dynamischer Wechsel des Normalitätsmodells bei Veränderung der Fahrzeugumgebung: Mittels eines Schwellwerts wird ein Sprung der Mahalanobis-Distanz erkannt.

Datenmenge zur Verfügung steht. Im Betrieb werden die Merkmalsvektoren dann mit dem Normalitätsmodell verglichen, das am nächsten an der aktuellen Fahrzeugposition erstellt wurde.
Während bei Option 2 auch ohne Veränderungen der Umgebung unnötigerweise neue Normalitätsmodelle erstellt werden, ist bei Option 3 die Anzahl der eingesetzten Normalitätsmodelle dynamisch. Erst wenn sich die Umgebung so stark verändert, dass das aktuelle Normalitätsmodell nicht mehr die neue Umgebung repräsentiert, wird ein neues Modell für den neuen Fahrbahnabschnitt initiiert. Technisch wird dies durch einen Sprung in der Mahalanobis-Distanz erkannt. Abbildung 4.10 zeigt die mittlere Mahalanobis-Distanz der Bilder zum bis dahin aufgestellten Normalitätsmodell. Bei Überschreiten eines Schwellwerts wird ein neues Normalitätsmodell für die neue Umgebung begonnen. Um die verfügbare Datenmenge nicht zu stark zu reduzieren, sollte die Wahl des Schwellwerts dazu führen, dass kleine Änderungen kein neues Modell initiieren. Relevante Änderungen sind etwa ein neuer Fahrbahnbelag im Außenbereich.
Obwohl auf den ersten Blick durchaus denkbar, empfiehlt es sich nicht den Schwellwert von der Fahrzeugposition abhängig zu machen. Zwar können Hindernisse von den Normaldaten zunächst auch durch einen angepassten Schwellwert vom Boden getrennt werden. Es sind jedoch Böden vorstellbar, deren Mahalanobis-Abstand zum Normalitätsmodell des Ursprungsbodens genauso groß ist wie zu Hindernissen. Im Merkmalsraum lässt sich der Zusammenhang durch die hohe Dimensionalität verdeutlichen. Der hochdimensionale Raum besitzt unendlich viele Punkte mit dem gleichen Mahalanobis-Abstand. Ein zu groß gewählter Schwellwert vergrößert die Verteilung in jede Dimension des Merkmalsraums und verringert damit die Sicherheit der Hinderniserkennung. Mit dem Aufstellen eines neuen Normalitätsmodells vergrößert sich der als sicher definierte Bereich des Merkmalsraums nur marginal. Abbildung 4.11 verdeutlicht den Zusammenhang im zweidimensionalen Raum.
Abbildung 4.12 stellt den Algorithmus für den dynamischen Wechsel des Normalitätsmodells dar. Im ersten Schritt werden alle N Trainingsbilder in den Merkmalsraum transformiert. Von den resultierenden N Merkmalskarten werden die initialen N_0 Merkmalskarten ausgewählt von denen der Mittelwertsvektor $\boldsymbol{\mu}$ und die Kovarianzmatrix $\boldsymbol{\Sigma}$ berechnet wird. Dabei wird im Gegensatz zum Vorgehen von Bouindour et al.[173] keine zufällige

[173] Bouindour et al. (An On-Line and Adaptive Method for Detecting Abnormal Events in Videos Using Spatio-Temporal ConvNet) 2019.

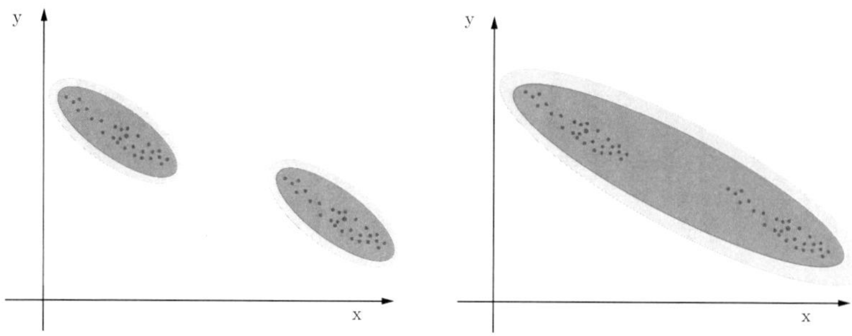

Abbildung 4.11: Vergrößerung des erlaubten Merkmalsraums über die Anpassung des Schwellwerts (rechts) und das Aufstellen eines neuen Normalitätsmodells (links). Die Erstellung eines neuen Normalitätsmodells erlaubt eine präzisere Modellierung der Normaldaten.

Untermenge ausgewählt. Stattdessen bilden die ersten Kamerabilder auf der vordefinierten Fahrtstrecke die initialen Merkmalskarten N_0. Solange der Datensatz weitere ungenutzte Merkmalskarten beinhaltet, wird für jede weitere Merkmalskarte iterativ die Mahalanobis-Distanz $\mathcal{M}$ zum vorläufigen Normalitätsmodell berechnet. Wenn die Distanz unter dem Schwellwert ϑ liegt, wird die Merkmalskarte zur Verteilung hinzugefügt, die Parameter der Verteilung werden aktualisiert und die Schleife beginnt mit einer neuen Merkmalskarte. Liegt die Mahalanobis-Distanz über dem Schwellwert werden die Parameter der Verteilung gespeichert und N_0 neue Merkmalskarten für eine neue Verteilung ausgewählt und der Prozess wiederholt sich. So liefert der Algorithmus eine Liste von Normalitätsmodellen – definiert durch je einen Mittelwertsvektor $\boldsymbol{\mu}_i$ und eine Kovarianzmatrix $\boldsymbol{\Sigma_i}$ – abhängig von der Startposition.

4.5. Nachverarbeitung

In der Testphase muss der Ausgang des Merkmalextraktors mit dem für den Bereich aufgestellten Normalitätsmodell abgeglichen werden. Die je Bildbereich berechneten Mahalanobis-Distanzen führen zu einer Anomaliekarte, für die entschieden werden muss, welche Abweichungen als Anomalie klassifiziert werden. Dafür wird zunächst der Bildbereich festgelegt, in dem sich keine Hindernisse befinden dürfen. Die Anomaliewerte in dieser

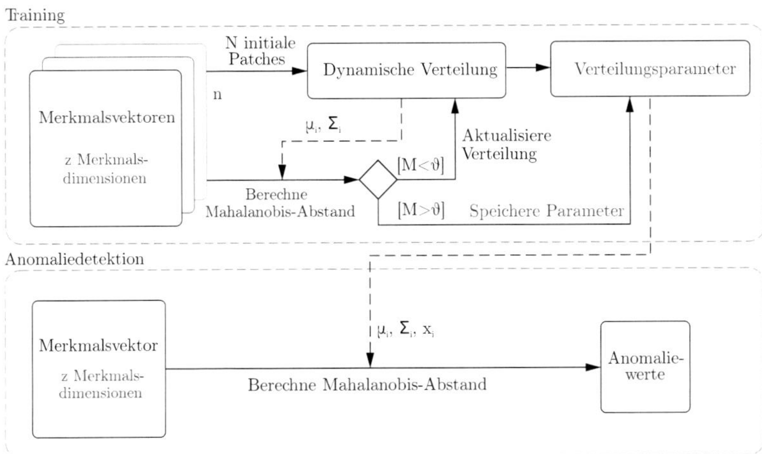

Abbildung 4.12: Algorithmus für den dynamischen Wechsel des Normalitätsmodells: Sobald im Training der gleitende Durchschnitt der Mahalanobis-Distanzen der Merkmalsvektoren über einem Schwellwert ϑ liegt, wird die Erstellung einer neuen Verteilung getriggert.

Sicherheitszone werden anschließend gefiltert und mit einem Schwellwert verglichen.

4.5.1. Sicherheitszone

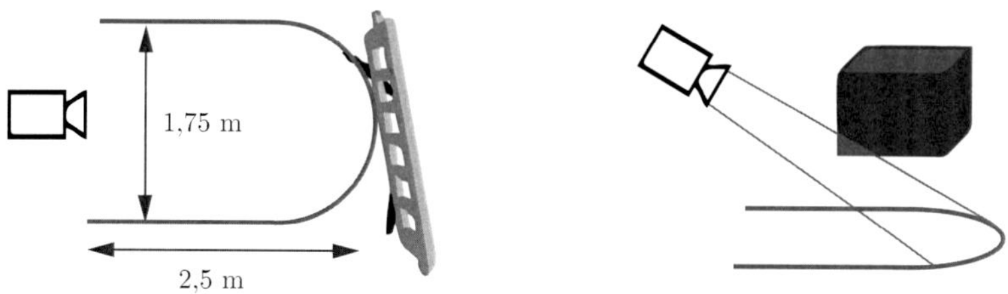

Abbildung 4.13: Das Fahrzeug muss anhalten, wenn ein Hindernis in der Sicherheitszone (links) detektiert wird. Die zweidimensionale Bildverarbeitung erlaubt die Erkennung von schwebenden Objekten erst sobald diese die Sichtlinie schneiden (rechts).

Die Sicherheitszone hat gemäß Abbildung 4.13 die Abmessungen 1,75 m × 2,5 m. Die Zone wird mittels der perspektivischen Transformation in das Bildkoordinatensystem abgebildet, vgl. Abbildung 4.14. Befindet sich ein Hindernis in der transformierten Sicherheitszone muss das Fahrzeug angehalten werden.

Hierbei ist zu bemerken, dass keine räumliche Information über das Bild vorliegt. Alle erkannten Objekte, die im Bild über der Grenzlinie der Sicherheitszone liegen, führen nicht zum Anhalten des Fahrzeugs. Dies ist der Fall bei scheinbar schwebenden Objekten, die sich in der Realität in der Sicherheitszone befinden, jedoch in dieser keinen Kontakt zum Boden haben. Schwebende Objekte werden erkannt sobald sie die Sichtlinie zwischen Kamera und Sicherheitszone schneiden, vgl. Abbildung 4.13. Schwebende Objekte sind damit nicht zuverlässig rechtzeitig durch die Anomaliedetektion erkennbar. Diese Eigenschaft wird als akzeptabel bewertet, da niedrig montierte Sicherheitslaserscanner eine Erkennung schwebender Objekte unter keinen Umständen erlauben. Sofern diese Gefahr in der Risikobetrachtung berücksichtigt wurde, können Sicherheitslaserscanner trotz dieser Schwachstelle als Hinderniserkennung eingesetzt werden.

4.5.2. Rezeptives Feld

CHRISTIANSEN et al.[174] skalieren die Anomaliekarte auf die Auflösung des Eingangsbildes hoch und wenden einen Schwellwert an. Dieser Ansatz berücksichtigt nicht das rezeptive Feld des Merkmalsextraktors. Die Pixel, die für die Klassifizierung des Bildbereichs vom Merkmalsextraktor betrachtet wurden – das sogenannte rezeptive Feld–, umfassen eine größere Bildfläche als die, die schließlich durch den Schwellwert klassifiziert wird. Rezeptive Felder einzelner Bildbereiche überlappen sich. Der Grad der Überlappung und die Größe des rezeptiven Felds hängen von der verwendeten Netzwerkarchitektur ab. Abbildung 4.14zeigt ein Beispielbild, das durch einen Merkmalsextraktor in 40×30 Bildbereiche geteilt wurde. Die Abbildung zeigt das theoretische rezeptive Feld und das einfachere, nicht überlappende rezeptive Feld.
Die Berechnung der rezeptiven Felder gestaltet sich für tiefe neuronale Netze äußerst komplex. Werden Skip-Verbindungen in der Architektur verwendet, können lediglich numerische Schätzungen berechnet werden.[175] In dieser Arbeit soll auf die aufwändige Berechnung des theoretischen rezeptiven Felds verzichtet werden. Die guten Ergebnisse von CHRISTIANSEN et al. mit den nicht überlappenden rezeptiven Feldern und die Erkenntnis von LUO et al.,[176] dass die zentralen Pixel des theoretischen rezeptiven Feldes den größten Beitrag zum Ergebnis beisteuern rechtfertigen diese Vereinfachung. So vereinfacht sich die Berechnung dazu, dass die Anomaliekarte auf die Auflösung des Eingangsbildes hochskaliert wird.

4.5.3. Schwellwertmethode

Damit die hochskalierte Anomaliekarte auf eine binäre Fahrentscheidung verdichtet wird, kommt die Schwellwertmethode zum Einsatz. Dazu muss jedoch zunächst die mehrdimensionale Anomaliekarte im Bereich der Sicherheitszone auf einen einzelnen Wert verdichtet werden. Hierfür wird untersucht, inwiefern sich der Mittelwert und der Maximalwert der Mahalanobis-Distanzen in der Sicherheitszone eignen. Es stellt sich die Herausforderung, dass sich der Ausgang des Merkmalextraktors stochastisch verhält.

[174] Christiansen et al. (DeepAnomaly: Combining Background Subtraction and Deep Learning for Detecting Obstacles and Anomalies in an Agricultural Field) 2016.
[175] Luo et al. (Understanding the Effective Receptive Field in Deep Convolutional Neural Networks) 2017.
[176] Ebd. 2017.

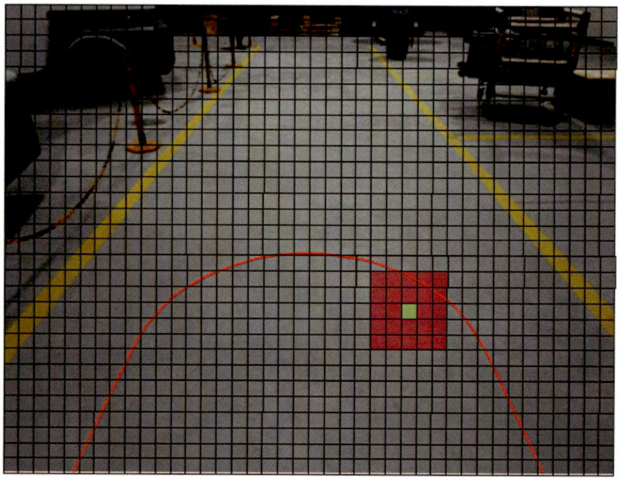

Abbildung 4.14: Rasterisierung des Kamerabilds in 40 × 30 Bildbereiche und Vergleich des theoretischen (rot) mit dem einfachen, nicht-überlappenden rezeptiven Feld (grün).

Dies verursacht Maximalwerte, für die es keinen erkennbaren Grund gibt. Die Verwendung eines Mittelwert-Filters soll das stochastische Verhalten der Anomaliekarte glätten. Hierzu wird der Mittelwert der größten 5, 50 und aller 342 Anomaliewerte in der Sicherheitszone verwendet. Für den Trainingsdatensatz wird dann ein Schwellwert so gewählt, dass die Klassifizierung auf den Trainingsdaten optimal ist.

4.6. Benchmark-Algorithmen

Für den Vergleich mit dem Stand der Technik der visuellen Hinderniserkennung werden zwei leistungsfähige Ansätze aus Kapitel 2.2 ausgewählt. Die Anomaliedetektion soll daher mit dem Ansatz der Semantischen Segmentierung und mit dem der Tiefenbildprädiktion im Anwendungsfall erprobt werden.

4.6.1. Semantische Segmentierung

Für die semantische Segmentierung verarbeitet die Auto-Encoder-Architektur U-Net[177] die Eingangsbilder zu einer pixelweisen Wahrscheinlichkeit für Hindernisse, vgl. Abbildung 4.15. Das KNN U-Net wird mit zusätzlichen Drop-Out-Layern verwendet. Dabei werden während des Trainings zufällige Teilmengen der Gewichte zurückgesetzt, um eine Überanpassung (engl. Overfitting) des neuronalen Netzes zu verhindern.[178]

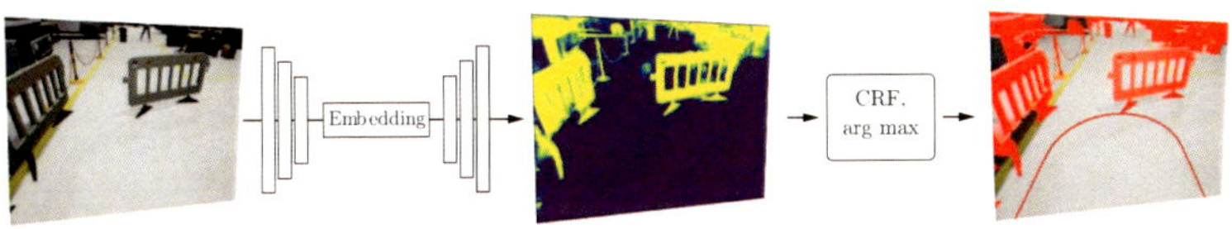

Abbildung 4.15: Hinderniserkennung auf Basis der Semantischen Segmentierung nach Ronneberger et al.[179]: Der Auto-Encoder weist jedem Pixel eine Wahrscheinlichkeit für die binäre Klassenzugehörigkeit zu.

---

177 Ronneberger et al. (U-Net: Convolutional Networks for Biomedical Image Segmentation) 2015.

177 ebd. 2015

178 Hinton et al. (Improving neural networks by preventing co-adaptation of feature detectors) 2012.

Das nachfolgende Conditional Random Field (CRF) berücksichtigt für die Klassifikation die Werte der benachbarten Pixel und hat so eine glättende Wirkung. Mittels des arg-max-Operators wird eine binäre Ausgabemaske erzielt. Sofern die Objekte in der perspektivisch transformierten Sicherheitszone liegen werden sie als Hindernis detektiert.

4.6.2. Tiefenbildschätzung

Die Tiefenbildprädiktion von Alhashim und Wonka[180] verwendet wie die Semantische Segmentierung eine Auto-Encoder-Architektur. Der Encoder-Teil des Algorithmus wird hier jedoch durch den vortrainierten Merkmalsextraktor DenseNet-169[181] gebildet. Das prädizierte Tiefenbild wird im nachfolgenden Schritt mit einer dreidimensionalen Sicherheitszone verglichen. So kommt es, dass auch in die Sicherheitszone hineinragende Objekte detektiert werden können. Die Bildverarbeitungskette ist in Abbildung 4.16 dargestellt.

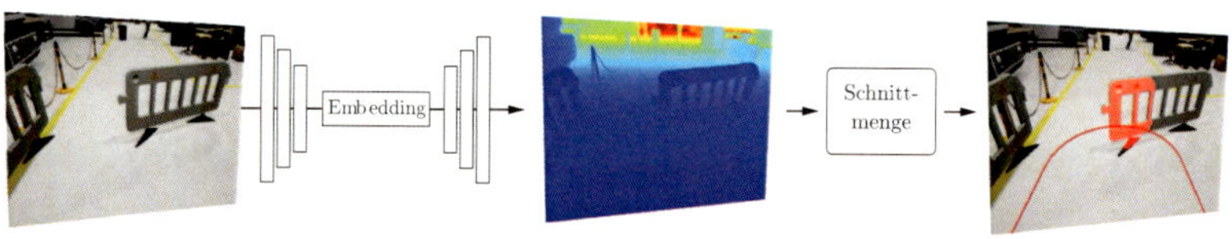

Abbildung 4.16: Hinderniserkennung auf Basis der Tiefenbildprädiktion nach Alhashim und Wonka[182]: Der Auto-Encoder nutzt die visuellen Hinweise des Bildes, um für jeden Pixel eine Entfernung zu schätzen.

4.7. Zusammenfassung

Das Kapitel verschaffte zunächst einen Überblick über die Architektur der verwendeten Anomaliedetektion, um anschließend detailliert auf die

179 Ronneberger et al. (U-Net: Convolutional Networks for Biomedical Image Segmentation) 2015

180 Alhashim et al. (High Quality Monocular Depth Estimation via Transfer Learning) 2018.

181 Huang et al. (Densely Connected Convolutional Networks) 2016.

182 Alhashim et al. (High Quality Monocular Depth Estimation via Transfer Learning) 2018

einzelnen Bausteine einzugehen. Dabei wurden die VGG16, ResNet und MobileNet als Merkmalsextraktoren vorgestellt. Die Netze unterscheiden sich hinsichtlich ihrer Komplexität und ihrer Einsatzbereiche. Das Kapitel erläuterte außerdem die Verwendung der univariaten und multivariaten Gauß-Verteilung als Anomaliemodelle. Die formale Betrachtung der Anomaliemodelle ermöglicht die Wahl eines geeigneten Schwellwerts in Abhängigkeit der geforderten Fehldetektionsrate. Es konnte gezeigt werden, dass die Rate der nicht erkannten Hindernisse nicht Teil der Modellbildung ist. Sie kann daher nur im Versuch mit Hindernissen bestimmt werden. Durch Analyse der mathematischen Modellierung konnten zudem Zielkonflikte ausgemacht werden. Während die Verwendung von hochdimensionalen Merkmalsvektoren eine bessere Abstraktion von visuellen Störungen verspricht, führt sie zu einer höheren Streuung der Mahalanobis-Distanzen. Es wurden zudem die Möglichkeiten vorgestellt den räumlichen und zeitlichen Kontext des Bildes in der Anomaliedetektion zu berücksichtigen. Dafür werden die Merkmalsvektoren der Bilder abhängig von der Position im Bild und abhängig von der Fahrzeugposition in einer Verteilung modelliert. Es konnte dargelegt werden, dass eine hohe Anzahl der Merkmalsvektoren entscheidend für die Modellrobustheit ist, die modellierten Merkmalsvektoren jedoch gezielt ausgewählt werden müssen, um die sichere Fahrbahn möglichst präzise im Merkmalsraum nachzubilden. Die vorgestellten Methoden der Nachverarbeitung verdichten die zweidimensionalen Anomaliekarten schließlich zu einer binären Fahrentscheidung. Neben der Anomaliedetektion wurden die Benchmark-Algorithmen für den Vergleich der Anomaliedetektion mit dem Stand der Technik vorgestellt. Hierfür wurde eine Hinderniserkennung auf Basis einer Tiefenbildprädiktion und einer Semantischen Segmentierung umgesetzt.

5. Datensätze und Implementierung

Im Rahmen dieser Arbeit werden zwei Datensätze verwendet. Der erste Datensatz entstammt einer photorealistischen Simulationsumgebung und dient der Auswahl eines geeigneten Klassifikators. Der zweite Datensatz beinhaltet Bilder, die in einer realen Fabrikumgebung aufgezeichnet wurden. Die Realdaten stellen dabei die Praxistauglichkeit der Anomaliedetektion sicher. Das Kapitel beschreibt die Generierung und die Eigenschaften der Datensätze. Weiterhin werden technische Details zur Implementierung der Anomaliedetektion und der Benchmark-Algorithmen erläutert.

5.1. Simulationsdaten

In der Simulation lassen sich große, annotierte Datenmengen kostengünstig generieren. Zum einen werden diese benötigt, um einen potenten Klassifikator zu finden und diesen intensiv zu validieren. Für das Auffinden von Detektionsgrenzen lassen sich in der Simulation extreme Situationen wie Nebel oder Regen nachbilden. Zum anderen wird der virtuelle Datensatz benötigt, um die Anomaliedetektion mit den Benchmark-Algorithmen zu vergleichen. Sowohl die semantische Segmentierung als auch die Tiefenbildschätzung benötigen einige Tausend Trainingsbilder bei denen die Grundwahrheit für jeden Pixel vorliegen muss.

Abbildung 5.1: Virtuelle Nachbildung der Anlauffabrik der RWTH Aachen in Unreal Engine 4 (links), Draufsicht mit beispielhaft eingezeichneten Fahrzeugtrajektorien zur Generierung der Datensätze (rechts).

5.1.1. Simulationsumgebung

Abbildung 5.1 zeigt die graphische Simulation der Anlauffabrik der RWTH Aachen. Für eine photorealistische Nachbildung in der Spiele-Engine Unreal Engine 4 wurden die realen Objekte nachgebildet und deren Texturen abfotografiert. Weitere Objekte entstammen dem Unreal Engine Marketplace.[183] So konnte eine photorealistische Nachbildung erzielt werden.

Abbildung 5.2: Grundwahrheitsdaten aus der Simulationsumgebung: Bild mit Sicherheitszone (links), Grundwahrheit für die Semantische Segmentierung (mitte), Grundwahrheit des Tiefenbilds (rechts).

Die modellierte Fläche der Anlauffabrik der RWTH Aachen beträgt 36,3 × 35,0 Quadratmeter. Die Innenfläche ist eine Montagefläche, die von Absperrungen begrenzt ist. Diese ist von einem rechteckigen Gehweg umgeben, der durch Absperrungen und gelbe Bodenmarkierungen begrenzt ist. Entlang dieses Weges bewegt sich die virtuelle Kamera und zeichnet Bilder auf, wie sie aus Sicht eines automatisiert fahrenden PKW aufgezeichnet würden. Die Kamera befindet sich dazu auf einer Höhe von 1,55 m über dem Fabrikboden. Sie hat einen Öffnungswinkel von 70° und ist -30° gegenüber dem Boden geneigt.

Die Kamera bewegt sich auf dem Weg entlang von randomisierten Bézier-Kurven, deren Kontrollpunkte mit einem semi-zufälligen Abstand zum Wegmittelpunkt generiert werden. In Abbildung 5.1 sind drei exemplarische Fahrzeugtrajektorien in der Draufsicht der Anlauffabrik eingezeichnet. Aus den Bézier-Kurven werden etwa 2150 äquidistante Wegpunkte abgeleitet an denen schließlich das Bild aufgezeichnet wird. Der Abstand der Wegpunkte entspricht bei einer Fahrgeschwindigkeit von einem Meter pro

[183] UE Marketplace: Renderpeople (Scanned 3D people Pack) 2019; Denys Rutkovskyi (Factory Environment Collection) 2020; Epic Games (Open World Demo Collection) 2015; Switchboard Studios (Vehicle Variety Pack) 2019; Jaime Perez (Office Scene) 2020

Sekunde einer Bildwiederholrate von 25 Bildern pro Sekunde.
Durch die randomisierten Wegpunkte bewegt sich die Kamera auch bei mehreren Umrundungen auf immer neuen Pfaden, wodurch der Informationsgehalt für das Maschinelle Lernen steigt. Zudem wird die Bewegung der automatisiert fahrenden Fahrzeuge imitiert, da diese aufgrund von Mess- und Regelfehlern nicht den exakt selben Pfad abfahren.

Abbildung 5.3: Qualität der photorealistischen Simulation: Nachbildung in der Simulationsumgebung (links) und Fotoaufnahme aus der realen Halle (rechts).

Mit der Software-Bibliothek UnrealCV[184] können neben den RGB-Bildern die Grundwahrheitsdaten für die Benchmark-Algorithmen exportiert werden. Die Segmentierungsmaske unterscheidet lediglich zwischen den beiden Klassen *Boden* und *Hindernis*. Die Entfernung der Tiefenbilder wird normalisiert auf Werte zwischen 0 und 255, wobei 255 der maximalen Entfernung von 15 Metern entspricht. Beide Grundwahrheitsmasken werden als 8-Bit PNG-Bild mit 640×480 Pixeln gespeichert. Die RGB-Bilder werden bei gleicher Auflösung zu einer JPG-Datei komprimiert. Die exportierten Bildtypen sind in Abbildung 5.2 zu sehen.

Die Simulation kommt realen Bildern sehr nahe. Abbildung 5.3 zeigt eine Szene aus der Simulation im Vergleich mit der realen Umgebung. Trotz Abweichungen kann die Simulation als photorealistisch eingestuft werden. Potentielle Fehlerquellen ergeben sich jedoch durch den Alias-Effekt, der dafür sorgt, dass feine Texturen nicht korrekt dargestellt werden. Zudem sind die Reflexionen, die beispielsweise bei spiegelnden Oberflächen

[184] Qiu et al. (UnrealCV) 2017.

auftreten, vereinfachte Annäherungen. Abweichungen von der korrekten Berechnung der Lichtstrahlen ergeben sich aufgrund von begrenzten Rechenkapazitäten.

5.1.2. Virtueller Datensatz

Der *Trainingsdatensatz* für die Benchmark-Algorithmen umfasst sieben Umrundungen und damit 15.170 Bilder. Um eine Überanpassung der KNN zu verhindern werden neben den randomisierten Trajektorien diverse Objekte je Runde auf dem Boden platziert. Dies unterscheidet die Benchmark-Algorithmen ganz wesentlich von der entwickelten Anomaliedetektion, die während des Trainings keinerlei Hindernisse gezeigt bekommt. Damit die Benchmark-Algorithmen Hindernisse erkennen können, benötigen diese annotierte Daten. Beide Trainingsdatensätze sind in Tabelle 5.1 aufgeführt. Der Trainingsdatensatz für die Benchmark-Algorithmen enthält Hindernisse. Für das Training der beiden Algorithmen müssen diese jedoch nicht in der Sicherheitszone liegen. Daher wird der Hindernis-Anteil hier nicht angegeben.
Die *Testdatensätze* dienen dem Vergleich der Anomaliedetektion mit den Benchmark-Algorithmen. Zur Definition der Testfälle werden die Anforderungen der Aufabenstellung aus Abschnitt 2.1, sowie die kritischen Eigenschaften aus der Analyse der existierenden Bildverarbeitungsmethoden aus Abschnitt 2.2 betrachtet. Hieraus werden die nachfolgenden sieben Testfälle abgeleitet. Um die Testrunden miteinander vergleichen zu können, wurde für die Generierung dieser Datensätze jeweils die gleiche Trajektorie verwendet. Da einige Tests weniger lang sind, umfassen diese nicht die vollständige Runde in der Anlauffabrik. Die Umfänge der einzelnen Testfälle sind in Tabelle 5.1 dokumentiert. Der Datensatz wird ebenfalls in WENNING et al.[185] beschrieben.

[185] Wenning et al. (Testing the Reliability of Monocular Obstacle Detection Methods in a Simulated 3D Factory Environment: (in Review)).

Testfall 1 zeigt den Hallenweg mit 15 produktionsüblichen Objekten auf der Fahrbahn. Darunter sind Stühle, Feuerlöscher, Absperrungen, Kisten und zwei Menschen. Der Datensatz dient zusätzlich als Referenz bei der Untersuchung des Einflusses der Beleuchtung.

Testfall 2 adressiert neuartige Objekte. In Fabriken befinden sich oft Objekte, die kantig und aus Holz oder Metall gefertigt sind. Der Testfall hingegen konfrontiert die Algorithmen mit unüblichen Objekten wie Tieren, Pflanzen oder mythischen Kreaturen, die nicht Teil des Trainings sind.

Testfall 3 untersucht die Sensitivität der Algorithmen gegenüber getarnten Hindernissen. Die sechs platzierten Objekte ähneln in Farbe und Textur dem Boden und stellen so eine besondere Herausforderung dar.

Testfall 4 zeigt Objekte, die über dem Boden zu schweben scheinen, wie eine von einem Gabelstapler transportierte Palette oder ein langes Fahrzeug mit Abstand zum Boden. Hieran soll untersucht werden, ob eine Tiefenbildprädiktion Vorteile gegenüber einer zweidimensionalen Anomaliedetektion hat.

Testfall 5 dient der Validierung visueller Störungen. Hierbei wird die Reaktion auf Niederschlag, leichten bis hin zu starken Qualm und Funken getestet. Mit extremen Betriebsbedingungen ist insbesondere im Außenbereich zu rechnen.

Testfall 6 analysiert den Einfluss von Beleuchtungswechseln. Dazu wird die Detektionsgüte der Objekte aus Testfall 1 mit erhöhter und reduzierter Helligkeit getestet. Zudem wird der Einfluss tiefstehender Lichtquellen mit starkem Schattenwurf erprobt.

Testfall 7 zeigt einen durch Dreck, Reifenspuren und Bemalungen verunreinigten Hallenboden. Die in der Praxis mit der Zeit eintretenden Veränderungen weichen von dem ursprünglich trainierten Hallenboden ab. Die Robustheit der Algorithmen demgegenüber wird ohne Hindernisse erprobt.

5.2. Realdaten

Trotz der hohen Simulationsqualität (vgl. Abbildung 5.3), können in der Realität durch den komplexen Prozess der Bildaufnahme relevante Unterschiede entstehen. So können elektrische Effekte die Spannungslevel in den Pixeln des Fotosensors stören. Größere Bildstörungen können beispielsweise durch den automatischen Weißabgleich entstehen, der die Helligkeit stark beeinflusst.

Tabelle 5.1: Überblick des virtuellen Datensatzes. *Der Datensatz enthält Hindernisse, die jedoch nicht nach dem Kriterium der Sicherheitszone definiert sind.

Bezeichnung	Bilder	Hindernisse
Training AD	1.950	0,0 %
Training SS & TP	15.170	–*
Testfall 1: Hindernisse	1.950	47,2 %
Testfall 2: Neue Objekte	1.950	37,5%
Testfall 3: Camouflage	540	68,0 %
Testfall 4: Schwebende Objekte	800	55,6%
Testfall 5: Visuelle Störungen	540	50,0%
Testfall 6: Beleuchtung	1.950	47,2 %
Testfall 7: Verunreinigungen	540	0,0 %

Mithilfe der Realdaten soll die entwickelte Anomaliedetektion in der Praxis validiert werden. Dazu werden die Daten unter realen Bedingungen aufgezeichnet. Durch Aufnahmen von der Fahrt in den Außenbereich kann der Wechsel des Untergrunds und der Beleuchtungsintensität praktisch erprobt werden. Zudem entsprechen die für das Training verfügbaren Datenmengen, denen, die in einer realen Produktionsumgebung wirtschaftlich aufgezeichnet werden können.

5.2.1. Datenaufzeichnung

Die Aufzeichnung der Realdaten wird mittels einer Smartphone-Kamera in der Anlauffabrik der RWTH Aachen durchgeführt. Die Anlauffabrik ermöglicht den Prototypenbau von elektrischen PKW-Kleinserien. Die Halle stellt dadurch eine realistische Umgebung zur Erprobung des Anwendungsfalls dar. Die Bilder werden in einer Höhe von 1,55 Meter mit einem Neigungswinkel von etwa 30° gemacht, um die Perspektive einer PKW-Kamera zu imitieren. Der Öffnungswinkel ist mit 72° etwas größer als bei den Simulationsbildern. Der Bildsensor IMX586 der Firma SONY hat eine Auflösung von 8.000 × 6.000 Pixeln.[186] Die Auflösung der Bilder

[186] Sony Group Corporation (Sony Releases Stacked CMOS Image Sensor for Smartphones with Industry's Highest 48 Effective Megapixels) 2018.

Tabelle 5.2: Überblick des Realdatensatzes

Bezeichnung	Bilder	Hindernisse
Training	380	0,0 %
Test	200	37,0 %

wird auf 640 × 480 Pixel reduziert, damit diese denen der Simulation entsprechen.

5.2.2. Realer Datensatz

Der Datensatz umfasst eine Trainingsfahrt ohne Hindernisse und eine Testfahrt mit Hindernissen. Der gewählte Pfad ist dabei identisch: Nach einer Rundfahrt in der Halle verlässt das Fahrzeug die Halle durch das Hallentor und fährt eine kurze Strecke im Außenbereich. Dabei ändert sich die Beleuchtungsintensität erheblich. Zudem wechselt der hellgraue Hallenboden zu einem dunkelgrauen Asphaltbelag. Die Fahrbahnmarkierungen sind anfangs gelb, im Außenbereich jedoch weiß. Das Fahrzeug fährt sowohl parallel zu den Markierungen als auch quer zu diesen. Eine Auswahl an Bildern aus dem Datensatz mit Hindernissen aus der Produktion ist in Abbildung 5.4 zu sehen. Insgesamt umfasst der Datensatz 380 Trainingsbilder und 200 Testbilder, vgl. Tabelle 5.2. Der Umfang der Trainingsbilder entspricht den Anforderungen an die Wirtschaftlichkeit der Lösung aus Abschnitt 3.4.2.

5.3. Implementierung

5.3.1. Implementierung der Anomaliedetektion

Die vortrainierten Merkmalsextraktoren werden mittels TensorFlow 2.1[187] implementiert. Details zu den Merkmalsexktraktoren können dem Appendix A entnommen werden. Die flachen Klassifikatoren werden in Python mittels der Bibliothek NumPy[188] implementiert. Die Merkmalsextraktoren werden auf einer NVIDIA TITAN Xp Graphikkarte mit 12 GB Speicher

[187] Abadi et al. (TensorFlow: Large-Scale Machine Learning on Heterogeneous Distributed Systems) 2016.

[188] van der Walt et al. (The NumPy Array: A Structure for Efficient Numerical Computation) 2011.

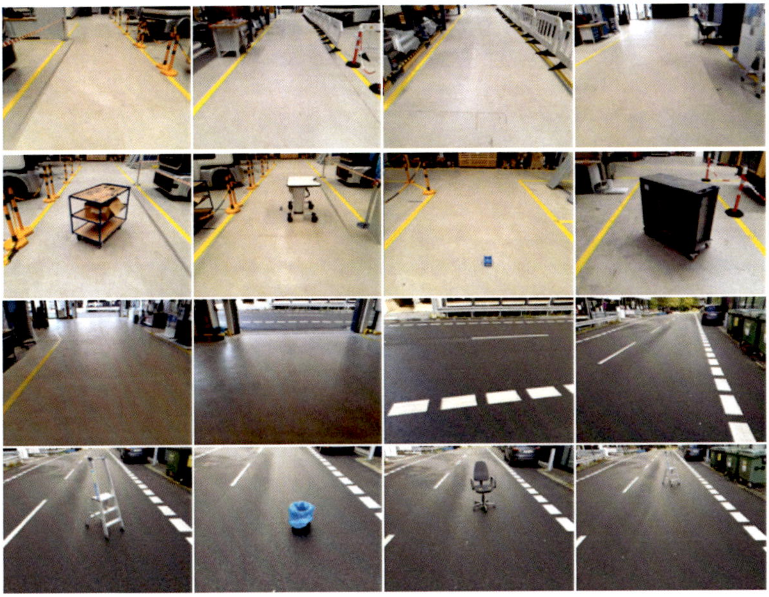

Abbildung 5.4: Bildauswahl des Realdatensatzes aufgezeichnet in der Anlauffabrik der RWTH Aachen: Trainingsbilder Innenbereich (erste Reihe), Testbilder Innenbereich (zweite Reihe), Trainingsbilder Außenbereich (dritte Reihe), Testbilder Außenbereich (vierte Reihe).

ausgeführt; alle weiteren Berechnungen auf einem Intel Core i7-6850K Prozessor mit 40 GB RAM.

5.3.2. Implementierung der Benchmark-Algorithmen

Das erfolgreiche Training Künstlicher Neuronaler Netze hängt von vielen Parametern wie der Batchgröße, dem gewählten Optimierungsalgorithmus, der Lernrate, der Verlustfunktion, der Anzahl der Trainings-Epochen und der Augmentierungsstrategie ab. Die Trainingsdaten umfassen 15.170 Simulationsbilder. Dies entspricht sieben Umrundungen in der Anlauffabrik. An dieser Stelle soll ein Überblick über das Training der Benchmark-Algorithmen gegeben werden.

Training der semantischen Segmentierung Die semantische Segmentierung wird mit der Verlustfunktion *Binary Cross Entropy*[189] und dem Optimierer *Adam*[190] trainiert. Dazu wird eine Lernrate von $\eta = 10^{-4}$ bei einer Batchgröße von sechs Bildern verwendet. Das Training umfasst 20 Epochen.
Um einer Überanpassung der Segmentierung vorzubeugen, wird eine Augmentierung der Trainingsdaten vorgenommen. So wird die Sättigung der Bilder sowie die Intensität einzelner Farbkanäle variiert und die Helligkeit wird erhöht und reduziert. Die Farbvariationen sind notwendig, um die Überanpassung auf den Farbton des Bodens zu vermeiden. Ohne eine Augmentierung sieht das KNN den Boden im Training insgesamt $15.000 \times 20 = 300.000$ Mal mit dem gleichen Farbton und würde im Betrieb jede Änderung als Hindernis detektieren.
Die Datenaugmentierung mithilfe eines Gauß-Filters sorgt für das Verwischen der Objektkanten im Bild. Eine solche Augmentierung verbessert die Klassifikationsgüte im Realbetrieb, da in realen Bildern die Fahrzeugbewegung, die Bewegung eines Objekts im Bild oder ein falscher Kamerafokus zu einem ähnlichen Effekt führen.
Zudem werden geometrische Augmentierungen vorgenommen. Diese umfassen die affinen Transformationen Verdrehung, Scherung und Spiegelung. So werden neue Perspektiven in das Training eingeführt. Sollten in den Trainingsdaten die Absperrungen ausschließlich auf der linken Seite der

[189] Sadowski (Notes on backpropagation) 2016.
[190] Kingma et al. (Adam: A Method for Stochastic Optimization) 2014.

Fahrbahn auftauchen, sind durch die Spiegelung nun auch Bilder mit Absperrungen auf der rechten Fahrbahnseite enthalten.

Training der Tiefenbildschätzung Die Tiefenbildschätzung wird ebenfalls mit einer Lernrate von $\eta = 10^{-4}$ bei 20 Epochen auf den 15.170 Bildern durchgeführt. ALHASHIM und WONKA erzielen bei einer Batchgröße von acht Bildern die beste Optimierung der Verlustfunktion. Für diese Arbeit wird aufgrund begrenzter Rechenressourcen jedoch eine Batchgröße von zwei Bildern verwendet. Alle weiteren Trainingsparameter werden gemäß der Autoren gewählt.[191]
Die Augmentierungsstrategie für das Training der Tiefenbildschätzung umfasst das Spiegeln der Hälfte der Trainingsbilder und eine aggressivere Farbvariation der Bilder. Zur besseren Generalisierung werden bei einem Viertel der Bilder die Farbkanäle vertauscht.

5.4. Zusammenfassung

Das Kapitel erläuterte die verwendeten Trainings- und Testdatensätze. Für den Vergleich mit den Benchmark-Algorithmen wurde eine virtuelle Nachbildung der Testumgebung erstellt. Sie erlaubt die Generierung der Grundwahrheitsdaten für die Benchmark-Algorithmen sowie die Nachstellung kritischer Testfälle. Dazu wurden aus den in Kapitel 2 hergeleiteten kritischen Eigenschaften und Anforderungen aus der Aufgabenstellung sieben Testfälle abgeleitet. Zur Validierung der Simulationsergebnisse und für die Durchführung eines Feldtests wurde zusätzlich ein Realdatensatz vorgestellt. Der Datensatz zeichnet sich durch die geringe Anzahl an Trainingsbildern aus, was der Anforderung an die Wirtschaftlichkeit Rechnung trägt.
Schließlich gibt das Kapitel Informationen über die verwendete Hard- und Software, die Implementierung, das Training und die Datenaugmentierung für die Benchmark-Algorithmen.

---

[191] Alhashim et al. (High Quality Monocular Depth Estimation via Transfer Learning) 2018.

6. Auswahl des Klassifikators

In diesem Kapitel werden die in Kapitel 4 vorgestellten Methoden im Anwendungsfall evaluiert. Dazu werden zunächst Metriken eingeführt, die als Grundlage der Bewertung dienen. Es folgen Untersuchungen zum Einfluss des Merkmalsexktraktors, der Anomaliemodelle, der Nachverarbeitung und der Kontextabhängigkeit. Diese werden auf den Simulationsbildern von Testfall 1 durchgeführt. Die Analyse der Teilmodelle führt zur Auswahl einer leistungsfähigen Anomaliedetektion, die im nächsten Kapitel in den kritischen Testfällen und der Praxis erprobt wird.

6.1. Leistungsmetriken

Zur Bewertung eines binären Klassifikators wird dieser auf einem Testdatensatz, bei dem die wahren Klassenzugehörigkeiten bekannt sind, angewendet. Die Testbilder lassen sich dann gemäß der Wahrheitstabelle 6.1 den Klassen zuordnen. Hierbei lassen sich zwei Fehlerarten unterscheiden. Bei der Falsch-Positiv-Klassifikation handelt es sich um einen Fehlalarm. Es wird ein Hindernis erkannt, obwohl keins im Bild zu sehen ist. Die Falsch-Negativ-Klassifikation bedeutet, dass ein Hindernis im Bild nicht erkannt wurde, obwohl eines im Bild vorhanden ist. Bei einem binären Klassifikator, der mithilfe eines Schwellwerts die Klassen-Zuweisung vornimmt, bestimmt der Wert das Verhältnis der beiden Fehlerarten zueinander. Der Schwellwert kann mit Blick auf den Anwendungsfall gewählt werden. Im Falle einer Hinderniserkennung für die Fahrzeugautomatisierung sind Fehlalarme mit Störungen und Effizienzverlusten verbunden. Die Falsch-Negativ-Klassifikation kann potentiell lebensgefährlich sein.

Tabelle 6.1: Die Wahrheitsmatrix klassifiziert die Testbilder zur Bewertung der Klassifikationsgüte.

	Anomalie im Bild (positiv)	**keine Anomalie im Bild (negativ)**
Anomalie erkannt	Richtig Positiv (RP)	Falsch Positiv (FP)
keine Anomalie erkannt	Falsch Negativ (FN)	Richtig Negativ (RN)

Zur besseren Interpretation können relative Kennwerte aus den Testdaten berechnet werden. Die Richtig-Positiv-Rate wird auch Sensitivität oder

Trefferquote genannt. Sie gibt die Wahrscheinlichkeit an, dass ein Hindernis positiv klassifiziert wird.

$$\text{RPR} = p(\text{An. erkannt}|\text{An. im Bild}) = \frac{\text{RP}}{\text{RP} + \text{FN}}$$

Dabei bezeichnet $p(\text{An. erkannt}|\text{An. im Bild})$ die bedingte Wahrscheinlichkeit, dass eine Anomalie erkannt wurde unter der Bedingung, dass sich eine Anomalie im Bild befindet. Die Falsch-Negativ-Rate gibt die Wahrscheinlichkeit an, dass ein Hindernis unerkannt bleibt.

$$\text{FNR} = p(\text{An. n. erkannt}|\text{An. im Bild}) = \frac{\text{FN}}{\text{RP} + \text{FN}} = 1 - \text{RPR}$$

Auf gleiche Weise können die Richtig-Negativ-Rate RNR – die Spezifität – und die Falsch-Positiv-Rate FPR – die Ausfallrate – definiert werden.

$$\text{RNR} = p(\text{An. n. erkannt}|\text{An. n. im Bild}) = \frac{\text{RN}}{\text{RN} + \text{FP}}$$
$$\text{FPR} = p(\text{An. erkannt}|\text{An. n. im Bild}) = \frac{\text{FN}}{\text{RN} + \text{FP}} = 1 - \text{RNR}$$

Receiver Operating Characteristic-Kurve Die Abhängigkeit der Klassifikationsgüte von der Wahl des Schwellwerts erschwert eine einfache Beschreibung des binären Klassifikators mithilfe der Kennwerte. Die Receiver Operating Characteristic (ROC)-Kurve trägt das Verhältnis der Sensitivität zur Ausfallrate gegeneinander auf. Bei einer gegebenen Richtig-Positiv-Rate liefert sie den benötigten Schwellwert und gibt gleichzeitig an mit wievielen falsch-positiven Klassifikationen zu rechnen ist. Die ROC-Kurve zeigt, dass eine niedrige FNR, die für die Sicherheit der Hinderniserkennung zwingend erforderlich ist, ebenso die FPR erhöht. Der perfekte Klassifikator geht durch die obere linke Ecke des Diagramms. Hier treten keinerlei Fehldetektionen auf. Die Diagonale repräsentiert Klassifikatoren die keinerlei Fähigkeit der Unterscheidung haben.
Um mit Hilfe eines einzigen numerischen Wertes die Klassifikatoren vergleichen zu können, wird die Fläche unter der ROC-Kurve angegeben. Der Wert liegt zwischen 0,5 (keine Unterscheidung) und 1 (perfekter Klassifikator).[192]

[192] Flach (Reinventing Machine Learning with ROC Analysis) 2006.

Precesion-Recall-Kurve ROC-Kurven erlauben eine intuitive erste Einschätzung der Klassifikationsgüte. Der erzeugte Eindruck ist jedoch zu optimistisch. Dies ist insbesondere auf unausgeglichenen Datensätzen der Fall, bei denen die zu unterscheidenden Klassen nicht die gleiche Auftrittswahrscheinlichkeit besitzen, wie bei vielen Anwendungen der Anomaliedetektion.[193] Es empfiehlt sich hier die Verwendung der Precision-Recall (PR)-Kurve als Alternative zur ROC-Kurve. Dabei wird der Sensitivität (Recall) R auf der x-Achse und die Genauigkeit (Precision) P mit

$$\mathrm{P} = \frac{\mathrm{RP}}{\mathrm{RP} + \mathrm{FP}}$$

auf der y-Achse aufgetragen. Der ideale Klassifikator befindet sich mit P = RPR = 1 in der rechten oberen Ecke des PR-Diagramms. Ein Klassifikator ohne die Fähigkeit die Klassen zu unterscheiden wird nun durch eine waagerechte Linie repräsentiert, dessen Präzision bei dem Wert der Klassenwahrscheinlichkeit liegt. Dies entspräche bei einem ausgeglichenen Datensatz einem Wert von 0,5.
Der Blick auf die PR-Kurven unterschiedlicher Klassifikatoren hebt deren Unterschiede hervor, obwohl diese als ROC-Kurven sehr ähnlich zu sein scheinen. Dieser Vorteil liegt darin begründet, dass die Präzision im Gegensatz zur FNR nicht die Anzahl der richtig-negativ Klassifikationen beinhaltet. Diese bei einem unausgeglichenen Datensatz große Anzahl verzerrt den Blick auf den Klassifikator. Sowohl der Simulationsdatensatz als auch der Realdatensatz erfüllen nicht das Kriterium eines unausgeglichenen Datensatzes. Die PR-Kurven können ihren Vorteil auf den verwendeten Datensätzen nicht ausspielen.

F-Maß Auch für die PR-Kurve kann die Fläche unter der Kurve angegeben werden, um einen einzelnen aussagekräftigen Wert für die Klassifikationsgüte zu erhalten. Eine weitere geläufige Möglichkeit ist die Angabe

193 Davis et al. (The relationship between Precision-Recall and ROC curves) 2006.

des F-Maßes (engl. f1 score). Es stellt den harmonischen Mittelwert aus Genauigkeit P und Sensitivität R dar.

$$f_1 = \frac{2\,\mathrm{P} \cdot \mathrm{R}}{\mathrm{P} + \mathrm{R}}$$

Dabei werden Genauigkeit und Sensitivität gleich gewichtet. Eine andere Abwägung der beiden Kennwerte kann mit dem Allgemeinfall f_α erfolgen; soll in dieser Arbeit jedoch nicht geschehen. Die Wahl des Schwellwerts erfolgt zur Maximierung des F-Maßes. Der Wert wird dann maximales F-Maß oder auch kurz F-Maß genannt.

Bild-Metrik Der Klassifikator eines Bildes kann anhand der Prädiktion je Pixel oder je Bild bewertet werden. Für den untersuchten Anwendungsfall ist es nicht notwendig jeden Pixel korrekt zu klassifizieren. Der Klassifikator soll signalisieren, ob das Fahrzeug anhalten muss. Die Datensätze müssen daher in die beiden Klassen *Stop* und *Go* geteilt werden. Um diese Unterteilung unabhängig von der subjektiven Einschätzung des annotierenden Menschen zu machen, wird die definierte Sicherheitszone vor dem Fahrzeug als Entscheidungskriterium verwendet. Liegt das Hindernis in der Zone, muss das Bild als Anomalie erkannt werden.

6.2. Merkmalsextraktion

Abbildung 6.1 zeigt ein Box-Plot-Diagramm der maximal erzielten F-Maße für die drei betrachteten Merkmalsextraktoren. Die Streuung unter den Netzarchitekturen ergibt sich dabei durch die Vielzahl der Gestaltungsoptionen. Die Daten weisen für alle Künstlichen Neuronalen Netze sowohl höhere als auch niedrigere F-Maße auf. Die Bestwerte aller Netzarchitekturen versprechen höchste Klassifikationsgüten. Insbesondere ResNet und MobileNet erzielen F-Maße nahe dem Bestwert von 1. Die F-Maße unterscheiden sich jedoch weniger unter den unterschiedlichen Netzarchitekturen, als vielmehr innerhalb einer jeweiligen Architektur. Die Architektur bestimmt also nicht maßgeblich die Klassifikationsgüte der Anomaliedetektion. Die Merkmalsvektoren einfacher Netze sind ebenfalls geeignet, um einen passablen Klassifikator zu bilden, wie VGG zeigt.
Die weitergehende Analyse des zu verwendenden Merkmalsextraktors untersucht zwei Einflussgrößen. Auf der einen Seite steigt die Dimensionalität der Merkmalsvektoren mit der Tiefe des Künstlichen Neuronalen Netzes.

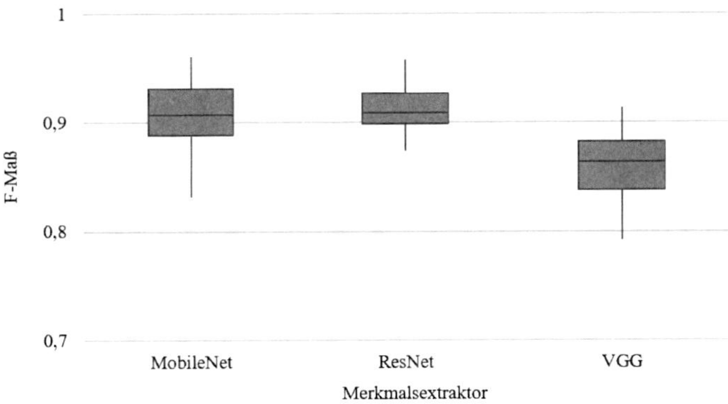

Abbildung 6.1: Box-Plot der maximalen F-Maße in Abhängigkeit der verwendeten Netzarchitektur: Ebenso große Unterschiede zwischen den Netzen wie innerhalb der Netze.

Abbildung 6.2 offenbart die Klassifikationsgüte in Abhängigkeit der Tiefe des verwendeten Netzes. Es ist zu sehen, dass die Merkmalsvektoren tieferer Schichten bei allen drei Netzarchitekturen bessere Ergebnisse liefern. Diese Beobachtung deckt sich mit der von ANDREWS ET AL.[194] Die Erkenntnis kann so interpretiert werden, dass die Unterscheidung von *normal* und *anormal* mindestens in Teilen in den tieferen und damit abstrakteren Schichten stattfindet. Da die KNN für die Objektklassifikation entwickelt wurden, können in den Endschichten der Netze Objektklassen zugeordnet werden. Der Trend kehrt sich jedoch bei tiefen KNN um. Der letzte Layer von MobileNet und ResNet verschlechtert die Klassifikation.
Auf der anderen Seite steht die generierte Output-Merkmalskarte. In tieferen Layern der KNN verkleinert sich die Auflösung der Merkmalskarte. Für Abbildung 6.3 wurden die Merkmalsexktraktoren in Gruppen gleicher Merkmalskartengröße eingeteilt. Dabei erzielen die Merkmalskarten mit einer Größe von 27×27 – 29×29 die höchsten Klassifikationsgüten. Mit den kleiner werdenden Merkmalskarten reduziert sich das maximal erzielbare F-Maß. Der Trend kann dadurch erklärt werden, dass die Position der Hindernisse im Bild schlechter lokalisiert werden kann. Objekte, die im

[194] Andrews et al. (Transfer Representation-Learning for Anomaly Detection) 2016.

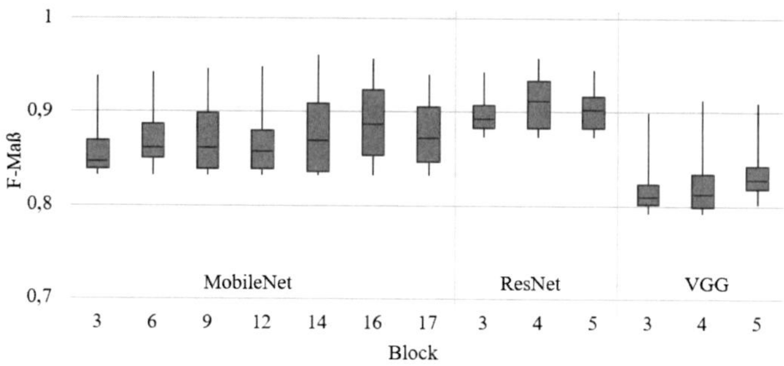

Abbildung 6.2: Box-Plot der maximalen F-Maße in Abhängigkeit der Tiefe der extrahierten Merkmalsvektoren: Leichter Trend zu tieferen Schichten.

Originalbild noch nicht in der Sicherheitszone liegen, können durch die niedrigere Auflösung in der Anomaliekarte bereits in der Zone liegen. Dies führt zu niedrigeren F-Maßen.

Für die weiteren Untersuchungen wird –sofern nicht anders angegeben– MobileNet als Merkmalsextraktor verwendet. Der Output nach Layer 12 hat die Größe 14×14 mit Merkmalsvektoren mit 96 Dimensionen. Die Auflösung der Eingangsbilder von 480×640 Pixeln resultiert in einer Merkmalskarte mit 30×40 Bildbereichen.

6.3. Anomaliemodelle

Univariate und multivariate Verteilung In Kapitel 4 werden zwei Methoden zur Modellierung der Normaldaten vorgestellt: Die univariate Gauss-Verteilung (SVG) und die multivariate Gauss-Verteilung (MVG). Durch Berechnung des Mahalanobis-Abstands zu den so modellierten Normaldaten, kann ein Anomaliewert für das jeweilige Testbild berechnet werden. Abbildung 6.4 zeigt den Verlauf der Anomaliewerte beider Modellierungen der Normaldaten für den Testdatensatz. Der Anomaliewert beider Graphen steigt deutlich an bei Hindernissen auf der Fahrbahn und bleibt vergleichsweise niedrig bei freier Fahrbahn. Die stärkeren Ausschläge des MVG-Modells lassen eine bessere Klassifikation vermuten, jedoch

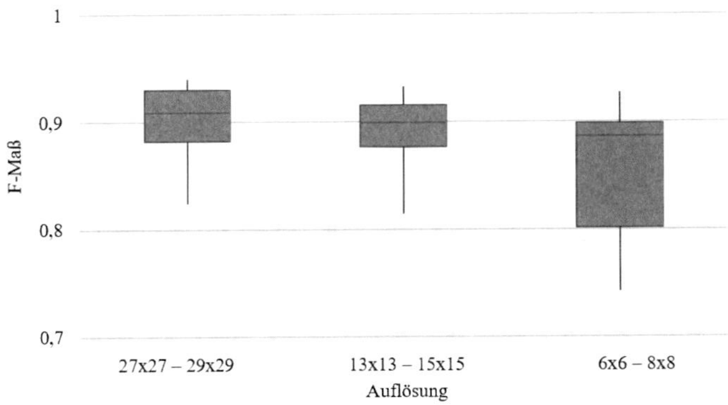

Abbildung 6.3: Box-Plot der maximalen F-Maße in Abhängigkeit der Größe der Merkmalskarten: Eine höhere Auflösung der Merkmalskarte führt zu einer besseren Lokalisierung der Hindernisse.

liegen die Anomaliewerte auch bei hindernisfreier Umgebung über dem des SVG-Modells.

Wie akkurat sich die beiden Klassen mittels der gewählten Modellierung voneinander trennen lassen, kann in Abbildung 6.5 analysiert werden. Die Abbildung zeigt die Häufigkeiten der Mahalanobis-Distanzen in Form eines Histogramms. Die Verteilung entspricht – wie in Kapitel 4 hergeleitet – in etwa einer Chi-Quadrat-Verteilung. Die Verteilung bestätigt, dass die normalen Testdaten denen des Trainings ähneln. Da aber keine Daten mit Abstand 0-9 vorhanden sind, entspricht die Modellierung nicht exakt der Realität. Der Mittelwert selber ist nicht Teil der realen Verteilung.

Die Chi-Quadrat-Verteilung folgt aus der Modellierung der Normaldaten. Die Verteilung der Mahalanobis-Distanzen bei anormalen Bildbereichen war bislang unbekannt. Die Werte im Histogramm zeigen, dass sich der Mittelwert der anormalen Daten bei beiden Modellierungen (MVG und SVG) von dem der Normaldaten entfernt befindet. Die Verteilungen der Hindernisse sind unimodal (eingipflig), worin die gute Klassifikationsgüte begründet liegt.

Ebenfalls zu sehen ist, wie gut normale von anormalen Daten mittels eines Schwellwerts getrennt werden können. Obwohl bei optimalem Schwellwert das F-Maß nahe 1 liegt, überlappen bei beiden Anomaliemodellen die

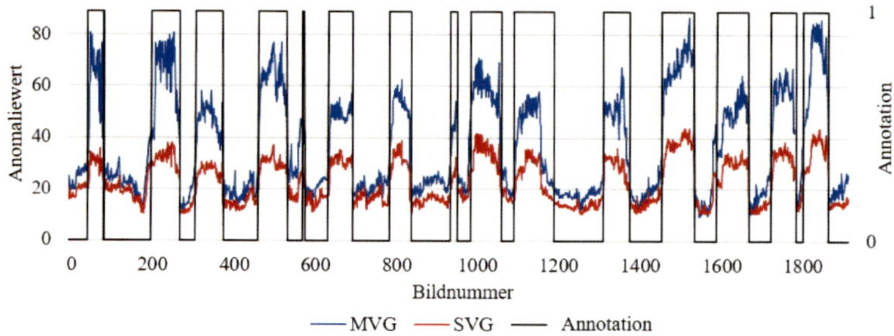

Abbildung 6.4: Qualitativer Vergleich der Anomaliemodelle: Verlauf des Anomaliewerts über den Testdatensatz für die beiden Normalitätsmodelle SVG und MVG und die dazugehörige Grundwahrheit.

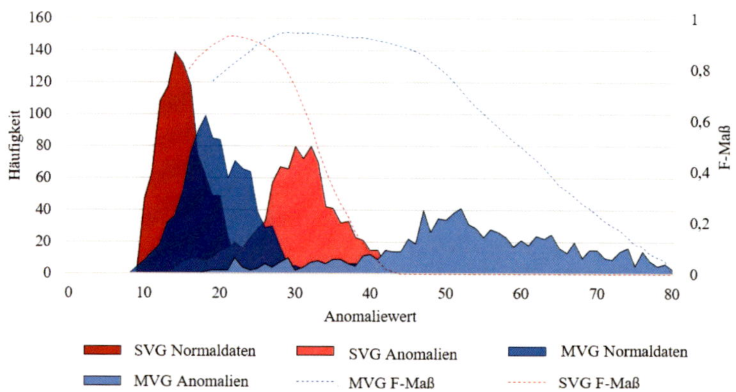

Abbildung 6.5: Analyse der Diskriminationsfähigkeit der Normalitätsmodelle: Verteilungen der Mahalanobis-Distanzen für Normal- und Anormaldaten für die Modellierung mit SVG (rot) und MVG (blau). Die gestrichelten Linien geben das erzielbare F-Maß für den jeweiligen Schwellwert an.

resultierenden Verteilungen. Einige anormale Bildbereiche weisen zu kleine Mahalanobis-Distanzen auf und können daher nicht korrekt detektiert werden. Die Modellierung mittels MVG ist der vereinfachten SVG vorzuziehen, da hier mit einem robusteren Klassifikator zu rechnen ist. Während bei der SVG-Kurve der Schwellwert präzise nahe des Optimums gewählt werden muss, ist die MVG-Kurve gestreckt. Auch bei einem nicht optimal gewählten Schwellwert lassen sich die Verteilungen noch voneinander unterscheiden. Dieser Eigenschaft kommt eine hohe Bedeutung zu, da der Schwellwert auf Basis des Trainingsdatensatzes gewählt wird, die Klassifikation jedoch auf dem Testdatensatz – oder schließlich im Feldeinsatz – durchgeführt wird.

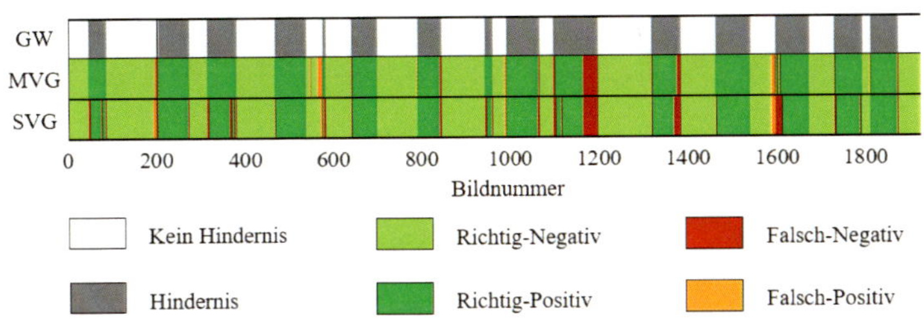

Abbildung 6.6: Korrektheit der Klassifikation bei Wahl des Schwellwerts zur Maximierung des F-Maßes: Die FN-Klassifikationen bei Bild 1200 sind unkritisch, da das Hindernis bereits zuvor erkannt wurde. Das Fahrzeug hätte in der Praxis angehalten.

Durch die Wahl eines Schwellwerts, der das F-Maß maximiert, liefern die Modelle die Klassifikationen in Abbildung 6.6. Wie zunächst vermutet, klassifizieren beide Modelle bis auf einige Ausnahmen korrekt. Fehldetektionen – also Falsch-Positiv-Klassifikationen – entstehen durch Fahrbahnmarkierungen, die in Ausnahmefällen die Sicherheitszone schneiden oder ungewöhnliche Bodenmarkierungen, die sich stark vom Boden unterscheiden, vgl. Abbildung 6.7. Falsch-Negativ-Klassifikationen können auftreten, weil die virtuelle Kamera durch die Hindernisse hindurch fliegen kann. Die Kamera kann dann bereits durch das Objekt hindurchsehen, es befindet sich jedoch noch in der Sicherheitszone. Da sich die Kamera auf die Objekte zu bewegt, tritt der Effekt erst am Ende eines Objekts auf. In der Praxis wäre das Fahrzeug bereits zu Beginn angehalten. Daher sind FN zu Beginn des Hindernisses kritisch, zum Ende sind sie es nicht.

Abbildung 6.7: Beispiele für Fehlklassifikationen: Falsch-Negative Klassifikation durch hindurchfliegende Kamera in Bild 1200 (links), falsch-positive Klassifikation durch Bodenverunreinigung in Bild 200 (mitte) und streifende Fahrbahnmarkierung in Bild 1600 (rechts).

Balanced Distribution Die Balanced Distribution nach BOUINDOUR et al.[195] hat zum Ziel, dass seltene, aber normale Ereignisse nicht fälschlicherweise als anormal klassifiziert werden. Ein Beispiel hierfür ist das Überfahren der Fahrbahnmarkierung, wie es in Abbildung 6.8 zu sehen ist. Da die Fahrbahnmarkierung üblicherweise nicht in der Sicherheitszone liegt, steigt der Anomaliewert bei der Modellierung mittels MVG an. Für die Balanced Distribution werden die Trainingsdaten so ausgewählt, dass der graue Boden nicht überrepräsentiert wird. Seltene Ereignisse wie Fahrbahnmarkierungen sind relativ gesehen häufiger in den für die Verteilung ausgewählten Stichproben zu sehen. Das Resultat ist ein Modell, das robuster gegenüber seltenen Ereignissen ist. Abbildung 6.8 zeigt, dass der Anomaliewert von der Fahrbahnmarkierung unbeeinflusst bleibt. Tabelle 6.2 fasst die maximal erzielten F-Maße zusammen. Das Überfahren der Fahrbahnmarkierung kommt nur selten vor, sodass der Effekt auf das F-Maß zu vernachlässigen ist. Da der Aufwand für die iterative Berechnung der BD hingegen sehr hoch ist, wird das Verfahren nicht weiter verwendet. Bei der Suche nach einem geeigneten Anomaliemodell fällt die Wahl auf die Multivariate Gauß-Verteilung, da sie eine hohe Klassifikationsgüte auch bei nicht optimaler Wahl des Schwellwerts aufweist.

[195] Bouindour et al. (An On-Line and Adaptive Method for Detecting Abnormal Events in Videos Using Spatio-Temporal ConvNet) 2019.

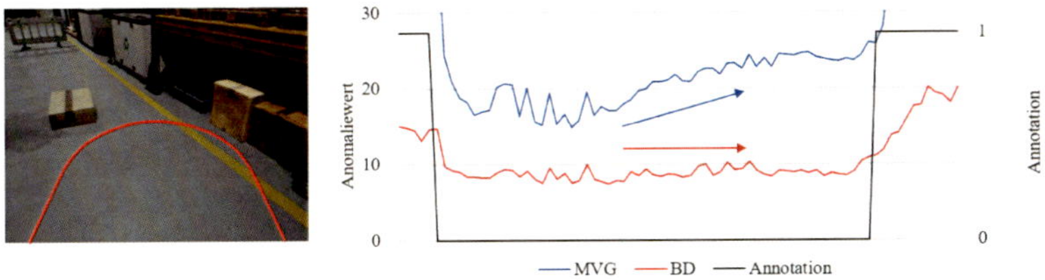

Abbildung 6.8: Modellverhalten der Balanced Distribution: Das Überfahren der Fahrbahnmarkierung löst bei der Balanced Distribution keinen Anstieg des Anomaliewerts aus. Das normale, jedoch seltene Ereignis der überfahrenen Fahrbahnmarkierung ist im MVG-Modell unterrepräsentiert.

Tabelle 6.2: Quantitativer Vergleich der Anomaliemodelle: Univariate Gauß-Verteilung (SVG), Multivariate Gauß-Verteilung (MVG) und Balanced Distribution (BD).

	SVG	**MVG**	**BD**
max. F-Maß	0,93	0,95	0,95

6.4. Nachverarbeitung

Durch die stochastischen Eigenschaften Künstlicher Neuronaler Netze und der Eingangsbilder kann die Anomaliekarte zufällig Maximalwerte aufweisen. Um diesen Effekt zu vermindern, wird der Mittelwert der höchsten n Werte in der Sicherheitszone berechnet. Abbildung 6.9 zeigt den Verlauf der Anomaliewerte auf dem Testdatensatz unter Nutzung von $n = 1, 5, 50, 342$. Während bei $n = 1$ lediglich der Maximalwert verwendet wird, bedeutet $n = 342$, dass der Mittelwert der gesamten Sicherheitszone gebildet wird.

Tabelle 6.3: Quantitativer Vergleich der Mittelwert-Filter: Es wird der Mittelwert der höchsten n Anomaliewerte berechnet.

	$n = 1$	$n = 5$	$n = 50$	$n = 342$
max. F-Maß	0,95	0,95	0,91	0,8

Es ist erkennbar, dass die Volatilität der Werte bei Mittelwertbildung größerer Bildbereiche abnimmt. Gleichzeitig reduziert sich der absolute Ausschlag, was die Trennung der Klassen erschwert. Zudem besteht das Risiko zu kleine Objekte durch den Filter gänzlich zu übersehen. Das Optimum beider Effekte ist bei Berechnung des arithmetischen Mittels der fünf maximalen Anomaliewerte zu verzeichnen. Tabelle 6.3 beinhaltet die für die Filteroptionen erzielten maximalen F-Maße. Der Unterschied zwischen $n = 1$ und $n = 5$ ist in der nicht dargestellten Nachkommastelle enthalten.

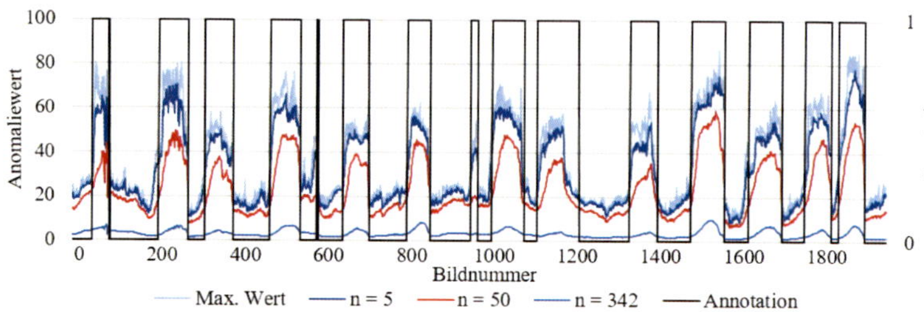

Abbildung 6.9: Qualitativer Vergleich der örtlichen Filterung: Der Mittelwertfilter entfernt Spitzen; lässt die Anomaliedetektion bei zu großem n jedoch auch Sensitivität einbüßen.

6.5. Rechenzeit

Die Rechenzeit beeinflusst die mögliche Bildwiederholrate und damit die Fahrgeschwindigkeit des Fahrzeugs. Im realen Anwendungsfall würde die Anomaliedetektion auf eingebetteten Systemen ausgeführt – also auf für die Bildverarbeitungsaufgabe angepasster Hardware. Daher stellen die Rechenzeiten in diesem Abschnitt lediglich eine Indikation dar.
Abbildung 6.10 zeigt die Rechenzeit für die Inferenz. Diese Zeit benötigen die Merkmalsextraktoren, um die Merkmale aus einem Bild zu extrahieren. Es ist erkennbar, dass die Rechenzeit mit der Anzahl der Layer steigt. Die Rechenzeit von MobileNet, das spezialisiert ist auf die Verwendung auf Mobilgeräten, ist vergleichbar mit der von ResNet. Das Netz kommt zwar mit weniger Parametern aus, die Rechenzeit ist auf Standard-Hardware jedoch nicht geringer.

Die Berechnung der Anomaliewerte auf Basis der exktrahierten Merkmalsvektoren benötigt weitere $\approx 0,05$ Sekunden (SVG) bzw. $\approx 0,5$ Sekunden (MVG). Während der Rechenaufwand bei den MVG-Modellen quadratisch mit der Dimension der Merkmalsvektoren ansteigt, führt die diagonal-besetzte Kovarianzmatrix bei den SVG-Modellen lediglich zu einem linearen Anstieg mit der Dimension.

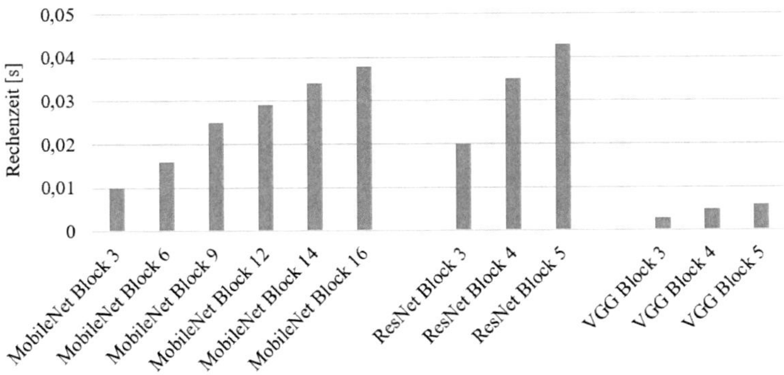

Abbildung 6.10: Vergleich der Rechenzeit für die Merkmalsextraktion: Die für die Inferenz benötigte Zeit steigt mit der Anzahl der Layer eines Netzes.

6.6. Kontextmodellierung

6.6.1. Räumlicher Kontext

In Kapitel 4 wurden drei Varianten der räumlichen Kontextmodellierung vorgestellt. In Variante 1 (Gesamtbild) werden alle Merkmalsvektoren des Bildes mit einer Verteilung modelliert. Variante 2 (Bildbereich) stellt eine Verteilung für jeden Bildbereich auf. Variante 3 (Kontextkarte) unterteilt das Bild in zwei Bereiche. Das Normalitätsmodell wird für den Bereich der Fahrbahn erstellt. Der Hintergrund und die umgebenden Objekte werden nicht mitmodelliert. Abbildung 6.11 zeigt die ROC- und PR-Kurven der

Anomaliedetektionen unter der Verwendung der drei Varianten des räumlichen Kontextes. Die vergleichsweise geringen Unterschiede der Kurven zeigen, dass die Modellierung jedes einzelnen Bildbereichs keinen sichtbaren Vorteil bietet. Die geringen Unterschiede der drei Modelle liegen in den generell hohen Klassifikationsgüten begründet. Die quantitative Betrachtung der Klassifikation in Tabelle 6.4 erlaubt eine genauere Analyse. Sie gibt die maximal erzielten F-Maße der untersuchten räumlichen Kontextmodelle wider. Hier schneidet die Modellierung der Bildbereiche ebenso gut ab wie die Modellierung mittels Kontextkarte. Das Modell des Gesamtbilds hingegen besitzt eine geringere Klassifikationsgüte. Dies liegt darin begründet, dass das Normalitätsmodell des Gesamtbildes ebenso Merkmalsvektoren der Umgebung enthält. Diese erschweren die Unterscheidung von Hindernissen auf der Fahrbahn. Das absolut gesehen trotzdem hohe maximale F-Maß lässt sich dadurch erklären, dass der graue Boden in der Verteilung überrepräsentiert ist. Zudem gelingt eine Klassifikation auch, wenn das Normalitätsmodell nicht exakt den Boden widerspiegelt. Im Fall des Gesamtbilds repräsentiert das Normalitätsmodell die Gesamtumgebung. Merkmalsvektoren des Bodens besitzen einen Mahalanobis-Abstand zur Verteilung des Gesamtbilds. Trotzdem lassen sie sich von Hindernissen unterscheiden, da diese einen anderen Mahalanobis-Abstand zum Normalitätsmodell der Gesamtumgebung haben.

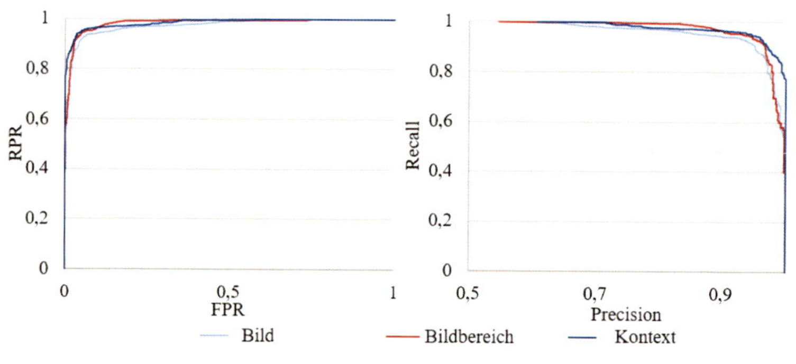

Abbildung 6.11: ROC- und PR-Kurven für räumliche Kontextmodellierung: Die Kontextkarte erzielt bei erheblich geringerer Modellkomplexität die gleiche Klassifikationsgüte wie die Modellierung einzelner Bildbereiche.

Je akkurater das Normalitätsmodell jedoch die hindernisfreie Umgebung widerspiegelt, desto sicherer ist die Hinderniserkennung.[196] Vor diesem Hintergrund ist die Modellierung einzelner Bildbereiche die vielversprechenste Variante. Jeder Bildbereich spiegelt nur einen kleinen Bereich des Bildes mit einer vergleichsweise geringen Varianz wider. Die präzise Modellierung erzielt ein hohes F-Maß, führt jedoch zu einem ungleich komplexeren Modell: Anstatt eines einzigen Normalitätsmodells sind 1200 unterschiedliche Verteilungen notwendig.

Die Kontextkarte bildet hier einen Kompromiss. Sie ist so gewählt, dass sie die gesamte Fahrbahn enthält. Da die visuelle Varianz des Bodenbelags gering ist, wird hier mittels einer einzigen Verteilung der gleiche Effekt wie bei der Modellierung einzelner Bildbereiche erzielt.

Tabelle 6.4: Quantitativer Vergleich der räumlichen Kontextmodellierung.

	Gesamtbild	**Bildbereich**	**Kontextkarte**
max. F-Maß	0,93	0,95	0,95

Abbildung 6.12 zeigt den Einfluss der Größe der Kontextkarten auf das Verhalten des Klassifikators. Ist die Kontextkarte klein, enthält das Normalitätsmodell keinerlei Fahrbahnmarkierungen. Dadurch ist der Anomaliewert bei Überschreitung dieser entsprechend groß. Die große Kontextkarte beinhaltet alle Fahrbahnmarkierungen. Dadurch zeigt sie das gleiche Verhalten wie die Balanced Distribution. Sie schlägt bei Fahrbahnmarkierungen nicht aus. Da sie jedoch ebenso Objekte des Fahrbahnrands enthält, verschlechtert sich hierdurch die Klassifikationsgüte. Sie nähert sich dem Verhalten des Modells für ein Gesamtbild an. Die mittlere Größe der Kontextkarte bildet einen Kompromiss dieser gegenläufigen Effekte. Die erzielten maximalen F-Maße sind in Tabelle 6.5 zusammengefasst. Weitere Verbesserungen sind denkbar, wenn der gewählte Bildausschnitt abhängig von der Umgebung gewählt wird. So könnte sichergestellt werden, dass ausschließlich der Boden in dem Normalitätsmodell modelliert wird. Die in dieser Arbeit verwendete statische Kontextkarte kann dies insbesondere in Kurven nicht gewährleisten.

---

[196] Vgl. Abschnitt 4.4.2.

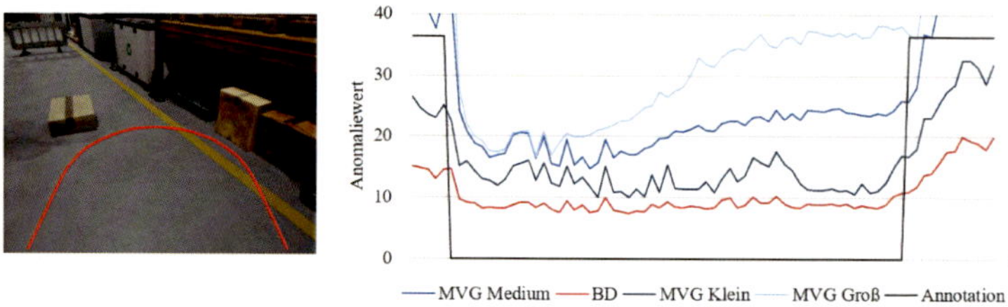

Abbildung 6.12: Einfluss der Größe der Kontextkarte: Eine größere Kontextkarte beinhaltet die Bodenmarkierungen. Der Anomaliewert steigt daher bei Überfahren der Markierungen nicht an. Das Verhalten ähnelt dem der Balanced Distribution (BD).

Tabelle 6.5: Quantitativer Vergleich der Größe der Kontextkarten.

	Klein (310/1200)	**Medium (620/1200)**	**Groß (910/1200)**
max. F-Maß	0,937	0,945	0,939

6.6.2. Zeitlicher Kontext

Abbildung 6.13 zeigt den Effekt des zeitlichen Kontextes auf die unterschiedlichen räumlichen Kontextmodellierungen. In der Abbildung links zu sehen ist das Modell mit je einem Normalitätsmodell je Bildbereich. Bei dem zeitlichen Kontext werden lediglich die Bilder aus der direkten Umgebung des Fahrzeugs für das Normalitätsmodell verwendet. Die Größe dieser Umgebung ist dabei auf der x-Achse aufgetragen. Der Graph zeigt, dass sich die Klassifikationsgüte mit größer werdendem Kontext verbessert. Die Ursache dafür liegt in der zu geringen Datenmenge. Mit der Vergrößerung des Kontextes steigt die Menge der Normaldaten für die Modellbildung an. Der Grenzwert ist das F-Maß des Vergleichsmodells ohne zeitlichen Kontext, dem die gesamte Datenmenge zur Verfügung steht.
Sofern alle Merkmalsvektoren des gesamten Bildes in ein Modell gespeist werden (kein räumlicher Kontext), existieren weitaus mehr Datenpunkte, sodass deren Knappheit die Modellgüte nicht mehr bestimmen. Der Effekt des zeitlichen Kontextes auf diese Modelle ist dem mittleren Diagramm in Abbildung 6.13 zu entnehmen. Hier ist erkennbar, dass die Begrenzung der Trainingsdaten auf die direkte Fahrzeugumgebung zu einer Verbesse-

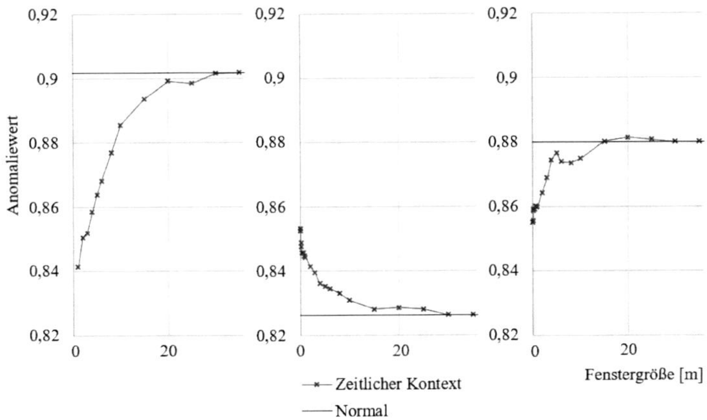

Abbildung 6.13: Einfluss des zeitlichen Kontextes auf den räumlichen Kontext: Ein Normalitätsmodell je Bildbereich (links), ein Normalitätsmodell je Gesamtbild (mitte) und ein Normalitätsmodell für den Untergrund (rechts).

rung der Klassifikationsgüte führt. Wird das Umgebungsfenster vergrößert, verringert sich das F-Maß des Klassifikators. Das bedeutet, dass die Modellierung der Normaldaten durch die Gauss-Verteilungen präziser geschieht, wenn die Umgebung weniger variiert. Da die Klassifikationsgüte bereits auf einem hohen Niveau liegt, fällt der Effekt vergleichsweise gering aus. Die räumliche Modellierung mittels des Bodenmodells bildet einen Kompromiss aus der Modellierung einzelner Bildbereiche und des Gesamtbildes. Demnach liegen die Auswirkungen des zeitlichen Kontextes zwischen denen der beiden vorangegangenen Modelle. Abbildung 6.13 zeigt jedoch, dass der Effekt der Datenknappheit überwiegt. Daher liegt die Modellgüte bei Verwendung der lokalen Trainingsbilder unter der des Modells aller Bilder. Damit bestätigt sich die Bedeutung der Trainingsdatenmenge. Bei ausreichender Datensatzgröße kann der zeitliche Kontext zu geringen Verbesserungen führen. Der räumliche Kontext mittels Bodenmodell führt jedoch zu einer größeren Verbesserung. Damit das Bodenmodell jedoch genügend Daten beinhaltet, muss die Anzahl der Normalitätsmodelle möglichst gering gehalten werden. Dadurch beinhaltet jedes einzelne Modell die größtmögliche Anzahl an Merkmalsvektoren. Eine Möglichkeit dies zu erzielen stellt das dynamische Normalitätsmodell dar. Da hierfür die Realdaten verwendet werden, wird es in Abschnitt 7.2.2 ausgewert.

6.7. Zwischenfazit

In diesem Kapitel konnten die Auswirkungen der Modell-Optionen auf die Klassifikationsgüte der Hinderniserkennung untersucht werden. Es konnte gezeigt werden, dass mit dem effizienten Künstlichen Neuronalen Netz MobileNet ebenso gute Ergebnisse erzielt werden können wie mit dem komplexeren ResNet. Entscheidend ist vielmehr der Layer, dem die Merkmalsvektoren entnommen werden, und damit die Abstraktion der Merkmalsvektoren. Das Ergebnis bestätigt die Erkenntnisse von Rippel et al. für den Anwendungsfall der Hinderniserkennung. Sie fanden heraus, dass die Diskriminativität in höheren Schichten, jedoch nicht in der letzten Schicht, am höchsten ist.[197] Weiterhin konnte gezeigt werden, dass die Auflösung der Merkmalskarte Einfluss auf die Klassifikationsgüte hat.
Die Modellierung der Merkmalsvektoren mittels einer Multivariaten Gauß-Verteilung lieferte robuste Vorhersagen für die Klassenzugehörigkeit. Es

[197] Rippel et al. (Modeling the Distribution of Normal Data in Pre-Trained Deep Features for Anomaly Detection) 2020.

konnte gezeigt werden, dass ein solches Modell bei nicht-optimaler Wahl des Schwellwerts Hindernisse zuverlässiger unterscheiden kann als bei Verwendung einer univariaten Gauß-Verteilung. Beide Modellierungen zeigen in der Analyse jedoch, dass die Merkmalsvektoren der Normaldaten nicht trennscharf von denen der Hindernisse im Merkmalsraum liegen. Dies bestätigt und erweitert die Ergebnisse von CHRISTIANSEN et al.[198] Die von den Autoren vorgenommene Modellierung des räumlichen Kontextes konnte erfolgreich auf den Anwendungsfall der werksinternen Hinderniserkennung erweitert werden. Neben dem räumlichen Kontext konnte die Anomaliedetektion durch den zeitlichen Kontext auf unterschiedliche Umgebungen angepasst werden. Die hier durchgeführten Untersuchungen zeigen den Bedarf an Trainingsbildern. Das aus den Ergebnissen abgeleitete dynamische Normalitätsmodell maximiert die für die Modellbildung verfügbare Datenmenge. Es wird im nachfolgenden Kapitel erprobt. Die Balanced Distribution nach BOUINDOUR et al.[199] lieferte im Test keinen ausreichenden Nutzen. Weiterhin wurde ein geeigneter Mittelwertfilter bestimmt und der Einfluss der Modellparameter auf die Rechenzeit analysiert.

---

[198] Christiansen et al. (DeepAnomaly: Combining Background Subtraction and Deep Learning for Detecting Obstacles and Anomalies in an Agricultural Field) 2016.

[199] Bouindour et al. (An On-Line and Adaptive Method for Detecting Abnormal Events in Videos Using Spatio-Temporal ConvNet) 2019.

7. Validierung der Hinderniserkennung

Für die Validierung der Hinderniserkennung soll der Ansatz der Anomaliedetektion mit den beiden konkurrierenden Ansätzen der Semantischen Segmentierung und der Tiefenbildprädiktion verglichen werden. Alle drei Methoden sollen auf die virtuellen Testdatensätze angewendet werden, um Stärken und Schwächen der jeweiligen Modelle zu ergründen. Danach folgen Tests auf dem Realdatensatz, die zunächst zur Validierung der Simulation dienen. Schließlich wird das dynamische Normalitätsmodell validiert.

Für den Vergleich wird die in Kapitel 6 hergeleitete Anomaliedetektion verwendet. Diese nutzt das vortrainierte MobileNet bis zum zwölften Layer als Merkmalsextraktor. Die Modellierung geschieht mit einer multivariaten Gauß-Verteilung, in der die 96-dimensionalen Merkmalsvektoren aus dem Fahrbahnbereich (mittelgroße Kontextkarte) modelliert werden. Zur Nachverarbeitung wird der Mittelwert der fünf größten Anomaliewerte gebildet. Der zeitliche Kontext kommt erst bei den Realdaten zum Einsatz.

7.1. Vergleich mit konkurrierenden Ansätzen

Der quantitative Vergleich der Algorithmen soll sofern möglich anhand des maximal erzielbaren F-Maßes durchgeführt werden. Die erzielten Werte sind in Tabelle 7.1 zusammengefasst. Bei dem Datensatz der Bodenverunreinigungen, der keinerlei Hindernisse enthält, kann kein F-Maß berechnet werden. Hier dient die Richtig-Negativ-Rate zum Vergleich unter den Algorithmen. Der Wert lässt jedoch keinen Vergleich mit den F-Maßen der anderen Datensätzen zu.

Zur weiterführenden Analyse werden in den folgenden Abschnitten die kritischen Situationen mittels eines Zeitstrahls für die Testdatensätze aufgezeigt. Hieraus geht hervor wo die Modelle gefährliche Schwächen (Falsch-Negative Klassifikationen) und mangelnde Robustheit (Falsch-Positive Klassifikationen) aufweisen.

7.1.1. Hindernisse

Diagramm 7.1 zeigt den Zeitstrahl für den Testdatensatz mit den fabriküblichen Hindernissen. Es ist zu erkennen, dass alle drei Modelle alle Hindernisse des Datensatzes erkennen. Falsch-negative und falsch-positive Klassifikationen sind ausschließlich beim Eintreten und beim Verlassen

Tabelle 7.1: Benchmark der Anomaliedetektion (AD), der semantischen Segmentierung (SS) und der Tiefenprädiktion (TP) zur Hinderniserkennung auf den Testdatensätzen mittels des F-Maßes bzw. der Richtig-Negativ-Rate bei Datensätzen ohne Hindernissen (*)

Datensatz	**AD**	**SS**	**TP**
Hindernisse	0,95	0,97	0,97
Neue Objekte	0,93	0,92	0,93
Camouflage	0,93	0,96	0,98
Schwebende Objekte	0,88	0,84	0,86
Visuelle Störungen	0,94	0,81	0,75
Beleuchtungsunterschiede	0,95	0,9	0,71
Verunreinigter Boden*	0,42	0,4	0,37

der Hindernisse zu beobachten und kurz genug, dass dadurch keine Gefahr entsteht.

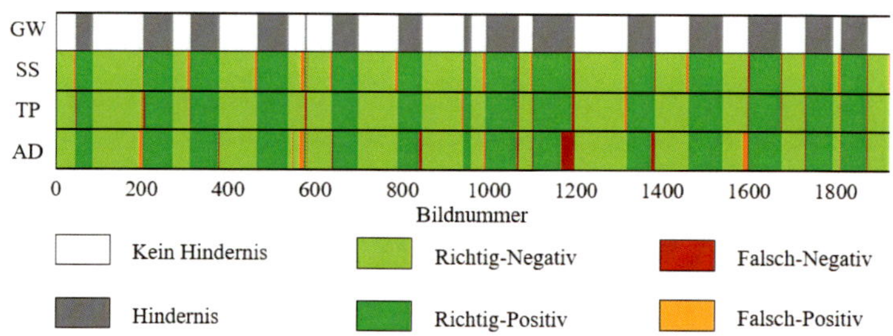

Abbildung 7.1: Korrektheit der Klassifizierungen der semantischen Segmentierung (SS), der Tiefenbildprädiktion (TP) und der Anomaliedetektion (AD) im Vergleich zur Grundwahrheit (GW) auf dem Hindernis-Datensatz.

Abbildung 7.2 zeigt die Falsch-Klassifikation bei Bild 1200. Die Anomaliedetektion zeigt hier eine längere Falsch-Negativ-Klassifikation als die semantische Segmentierung und die Tiefenprädiktion. Die Ursache ist der in Abschnitt 6.3 gezeigte Vorhang, der die Sicherheitszone streift. Die beiden Benchmark-Algorithmen erzielen hier eine bessere Klassifikationsgüte, da der Output dieser Algorithmen eine höhere Auflösung aufweist. Wie in der Untersuchung in Abbildung 6.3 dargestellt wurde, liefern höhere Auflösungen bessere Klassifikationsgüten. Die Auto-Encoder-Architektur der Benchmark-Algorithmen hat zum Ziel das niedrig-dimensionale Embedding auf die Eingangsauflösung hochzuskalieren. Um die Detektion der Anomaliedetektion ebenfalls präziser zu machen, sollte die Ausgangsauflösung weiter erhöht werden.

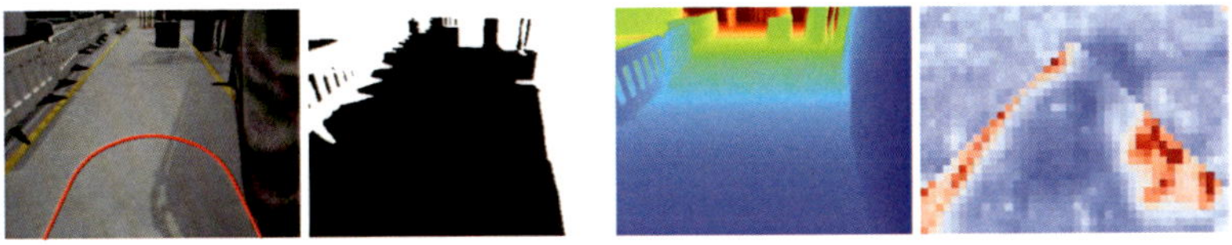

Abbildung 7.2: Falsch-Negativ Klassifikation des Testdatensatzes aufgrund des Vorhangs, der die Sicherheitszone streift. Trennscharfe Objektkanten bei der semantischen Segmentierung (Bild 2) und bei der Tiefenbildprädiktion (Bild 3). Die verschwommenen Objektgrenzen der Anomaliedetektion (Bild 4) führen im Grenzfall zu nicht korrekt lokalisierten Objekten.

7.1.2. Neue Objekte

Der Datensatz enthält neuartige Objekte, die während des Trainings nicht präsent waren. Dies sind Tiere, Pflanzen und Fabelwesen wie ein Drachen. Abbildung 7.3 zeigt die Klassifikationen der drei Modelle für diesen Datensatz. Die Modelle erkennen alle neuen Objekte. Lediglich der Zeitpunkt ist in einigen Fällen einige Bildrahmen zu spät. Es handelt sich um einen überstehenden Drachenkopf und einen Baum. Der Kontaktpunkt beider Objekte ist versetzt und so kann keines der Modelle, die korrekte Entfernung bestimmen. Diese Eigenschaft wird in Abschnitt 7.1.4 genauer betrachtet. Der komplexe Schattenwurf des Baums mit all seinen Blättern verursacht bei keinem der Modelle Fehlklassifikationen.
Abbildung 7.4 zeigt Bild 37 des Testdatensatzes. Hier zu sehen ist ein gelbes Huhn, das deutlich als Hindernis erkannt wird. Dies ist zum einen bemerkenswert, da die Abmessungen des Huhns und die der Fahrbahnmarkierung ähnliche Farbe eine Fehlklassifikation denkbar machen. Zum anderen zeigt das Beispiel, dass keines der Modelle aus dem Training unbekannte Objekte nicht erkennt. Die semantische Segmentierung, der am ehesten diese Eigenschaft zugeschrieben werden könnte, besitzt diese

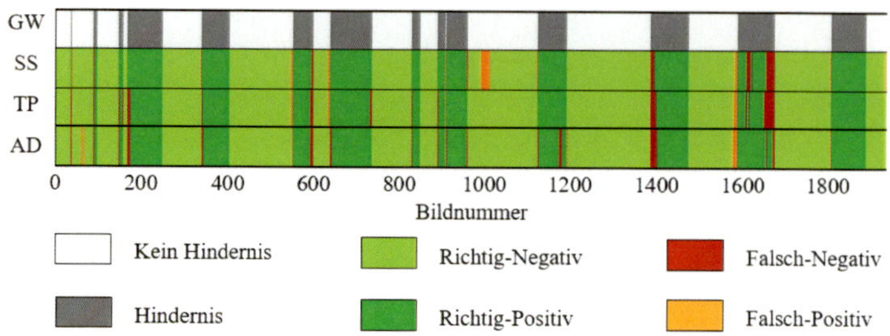

Abbildung 7.3: Korrektheit der Klassifizierungen der semantischen Segmentierung (SS), der Tiefenbildprädiktion (TP) und der Anomaliedetektion (AD) im Vergleich zur Grundwahrheit (GW) auf dem Datensatz mit neuartigen Objekten.

nicht, da sie das Aussehen des Bodens erlernt. Objekte, die dem Boden nicht ähnlich sehen, werden als Hindernis klassifiziert. Die Tiefenbildprädiktion ist nicht darauf angewiesen die Objekte zu erkennen, wie VAN DIJK und DE CROON[200] bereits zeigen konnten. Die Anomaliedetektion erfüllt die Anforderungen ebenfalls. Sie klassifiziert beliebige Abweichungen vom Bodenmodell als Hindernis.

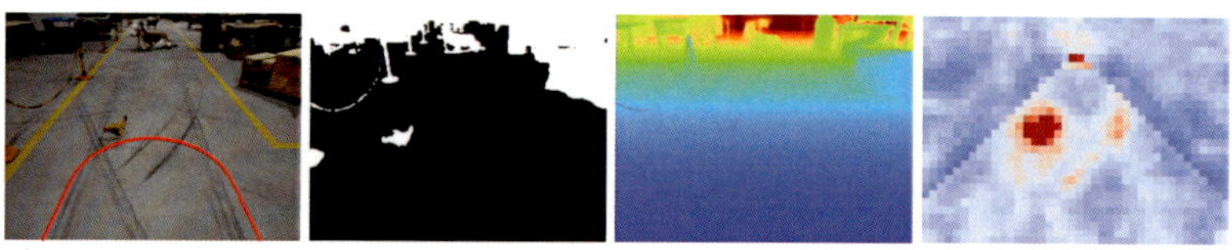

Abbildung 7.4: Beispieldetektion des im Training nicht vorkommenden Huhns: Alle drei Modelle – semantische Segmentierung (Bild 2), Tiefenbildprädiktion (Bild 3) und Anomaliedetektion (Bild 4) – detektieren das Huhn korrekt als Hindernis.

7.1.3. Camouflage

Der Camouflage-Datensatz beinhaltet Objekte, deren Farbe der des Bodens ähnelt. Damit soll untersucht werden, inwiefern sich die Modelle durch diese

[200] van Dijk et al. (How do neural networks see depth in single images?) 2019.

Art der Tarnung täuschen lassen. Abbildung 7.5 zeigt die Klassifikationen der drei Modelle, von denen kein Modell die grauen Objekte als Boden klassifiziert. Dies liegt daran, dass trotz der ähnlichen Farbe die Geometrie zu unterschiedlichen Farbintensitäten auf den Objekten führt. Zusätzlich macht der Schattenwurf die Hindernisse erkennbar. Der starke Schatten im Falle eines PKW in Bild 350 führt jedoch dazu, dass ein Teil des PKW nicht richtig erkannt wird. Dadurch kann der PKW erst einige Bilder später detektiert werden.

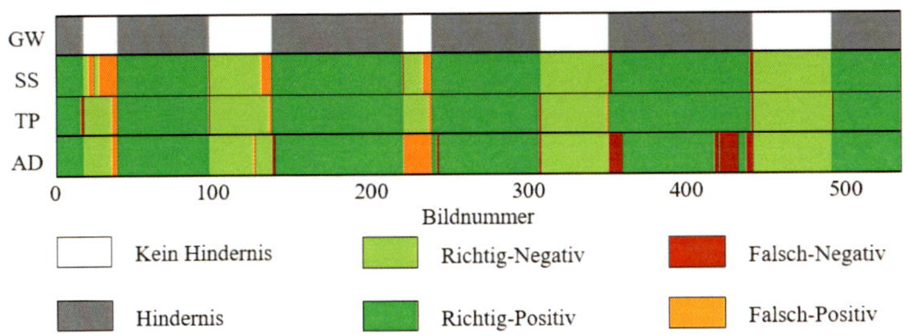

Abbildung 7.5: Korrektheit der Klassifizierungen der semantischen Segmentierung (SS), der Tiefenbildprädiktion (TP) und der Anomaliedetektion (AD) im Vergleich zur Grundwahrheit (GW) auf dem Camouflage-Datensatz.

Die Ergebnisse zeigen, dass die Fähigkeit Objekte im gleichen Farbton zu erkennen, bei allen drei Modellen ähnlich gut ausgeprägt ist. Die künstlichen neuronalen Netze innerhalb der Modelle extrahieren komplexe Merkmale, die neben der Farbe, Texturen und diverse Gradienten extrahieren.

7.1.4. Schwebende Objekte

Objekte, deren Kontaktpunkt zum Boden nicht in der Sicherheitszone liegt, stellen durch die zweidimensionale Betrachtung der Anomaliedetektion eine Fehlerquelle dar. Abbildung 7.6 bestätigt dies. Die Abbildung zeigt jedoch auch, dass die Semantische Segmentierung ebenso wie die Tiefenbildprädiktion falsch-negative Klassifikationen vornimmt. Abbildung 7.7 zeigt Bild 40 des Testdatensatzes. Die hier von einem Gabelstapler angehobene Europalette ist ein Beispiel für das Versagen aller drei Modelle. Die semantische Segmentierung ermittelt ebenso wie die Anomaliedetektion keine dreidimensionale Geometrie der Umgebung. So können nur die Objekte als Hindernis erkannt werden, die auch in dem Koordinatensystem des Bildes in der Sicherheitszone liegen. Im Falle der Palette passiert dies erst etwa 0,3 Meter vor dem Zusammenstoß. Die Tiefenbildprädiktion schätzt die Entfernung der Palette. Da diese jedoch keinen sichtbaren Kontakt zum Boden hat, wird der Abstand fälschlicherweise als zu groß berechnet.

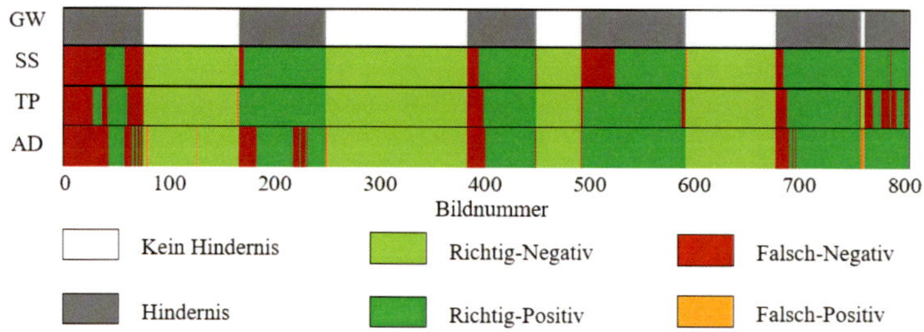

Abbildung 7.6: Korrektheit der Klassifizierungen der semantischen Segmentierung (SS), der Tiefenbildprädiktion (TP) und der Anomaliedetektion (AD) im Vergleich zur Grundwahrheit (GW) auf dem Datensatz mit schwebenden Objekten.

Damit kann keines der Modelle zuverlässig schwebende Objekte detektieren. Hier ist die Verwendung eines Modells, das mehrere aufeinanderfolgende Bilder auswertet, ratsam. Wie in Kapitel 2.2 aufgezeigt, können der Optische Fluss oder Künstliche Neuronale Netze, die eine Bildserie betrachten können aus der Bewegung im Bild auf die räumliche Struktur schließen.

7.1.5. Visuelle Störungen

Der Datensatz adressiert die Robustheit der Modelle gegenüber visuellen Störungen wie Qualm, Regen oder Funken. Abbildung 7.8 visualisiert die Klassifikationen der drei Modelle unter den so erschwerten Bedingungen. Die Anomaliedetektion zeigt eine hohe Robustheit. Lediglich der Beginn des Regens sorgt für falsch-positive Klassifikationen. Abbildung 7.9 zeigt, dass der Anomaliewert des Regens ohne ein dahinterliegendes Objekt niedriger ist als mit dem Objekt. Eine Trennbarkeit des Hindernisses von der verregneten, freien Fahrbahn ist also grundsätzlich gegeben. In diesem

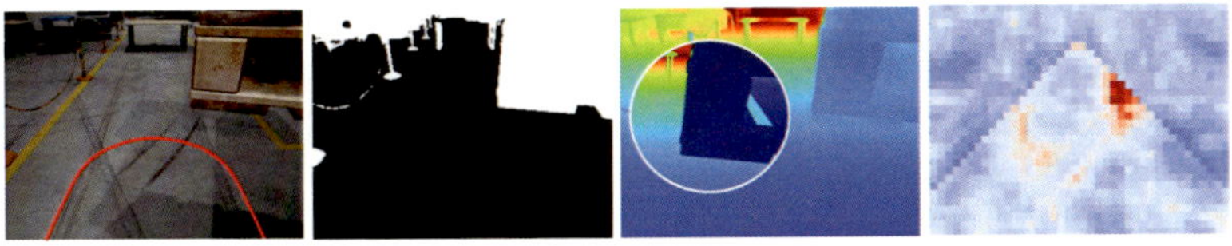

Abbildung 7.7: Beispieldetektion einer angehobenen Palette: Die semantische Segmentierung (Bild 2) und die Anomaliedetektion (Bild 4) erkennen die Palette erst, sobald sie die Sichtlinie der Sicherheitszone schneidet. Auch die Tiefenprädiktion (Bild 3) kann die Entfernung aufgrund des fehlenden Bodenkontakts nicht korrekt schätzen. Der Ausschnitt in Bild 3 zeigt die Grundwahrheit für die Palette.

Fall müsste der Schwellwert oder das Anomaliemodell auf die veränderten Umgebungsbedingungen angepasst werden.

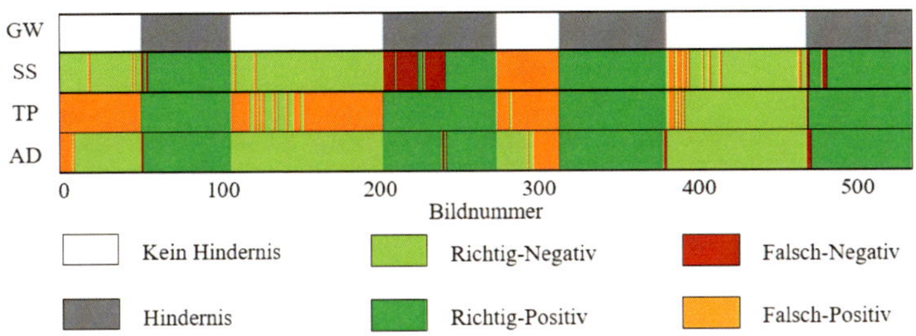

Abbildung 7.8: Korrektheit der Klassifizierungen der semantischen Segmentierung (SS), der Tiefenbildprädiktion (TP) und der Anomaliedetektion (AD) im Vergleich zur Grundwahrheit (GW) auf dem Datensatz mit visuellen Störungen.

Abbildung 7.9 zeigt auch, dass der darauffolgende Qualm die Anomaliewerte erheblich reduziert. Er reduziert die Kontraste und lässt Hindernisse grau wirken. So besteht die Gefahr, dass diese nicht mehr vom Boden unterscheidbar sind. Durch den tief gewählten Schwellwert lassen sich hier die Hindernisse trotz des Qualms detektieren. Abbildung 7.10 zeigt eine beispielhafte Klassifikation anhand von Bild 220 aus dem Testdatensatz. Die Anomaliedetektion lässt weiterhin die Detektion des Hindernisses zu.

Die Semantische Segmentierung zeigt zunächst ein robustes Verhalten gegenüber dem Regen. Der Qualm jedoch lässt die Segmentierung fehlschlagen, sodass das Hindernis zunächst übersehen wird und später die freie Fahrbahn als Hindernis klassifiziert wird. Die Tiefenbildprädiktion erkennt sowohl Regen als auch den Qualm als Objekte in der Sicherheitszone. Dadurch entstehen keine gefährlichen falsch-negativen Klassifikationen, der Betrieb im Anwendungsfall wäre ohne eine Anpassung des Modells jedoch nicht möglich.

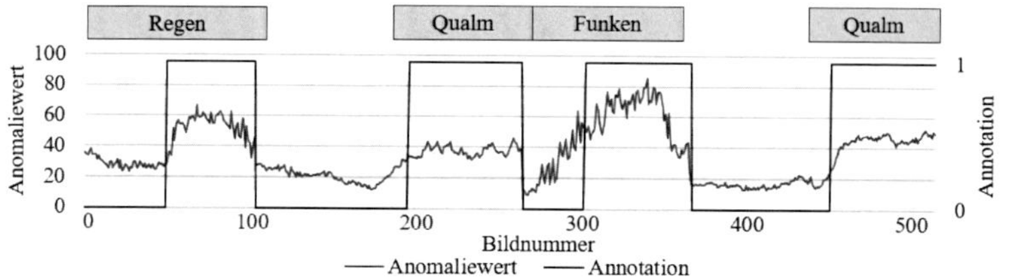

Abbildung 7.9: Verlauf des Anomaliewerts im Vergleich zur Grundwahrheit unter Einfluss von visuellen Störungen: Insbesondere durch Qualm wird der Kontrast der Hindernisse vor dem grauen Untergrund herabgesetzt, was zu einer Absenkung des Anomaliewerts führt.

Die Funken führen zu erhöhten Anomaliewerten, sodass Fehldetektionen auftreten. Das eigentliche Hindernis wird jedoch nicht übersehen. Abbildung 7.11 zeigt den Ausgang der Algorithmen bei Funkenflug anhand von Bild 280 des Testdatensatzes. Der als Hindernis klassifizierte Bereich ist bei der Semantischen Segmentierung stark vergrößert, sodass es zu Fehldetektionen kommt. Die Tiefenbildprädiktion kann die Tiefe des durch die Funken erhellten Bereichs ebenso wenig schätzen.

7.1.6. Beleuchtungsunterschiede

Der Datensatz adressiert den Einfluss von unterschiedlichen Helligkeiten im Anwendungsfall. Abbildung 7.12 zeigt die Klassifizierungen der drei Algorithmen auf dem Testdatensatz. Es wird erkennbar, dass die Anomaliedetektion und die Semantische Segmentierung bei niedriger Helligkeit Hindernisse nicht erkennen. Die Tiefenbildprädiktion zeigt ebenso eine hohe Abhängigkeit von den Lichtverhältnissen. Sie klassifiziert lediglich

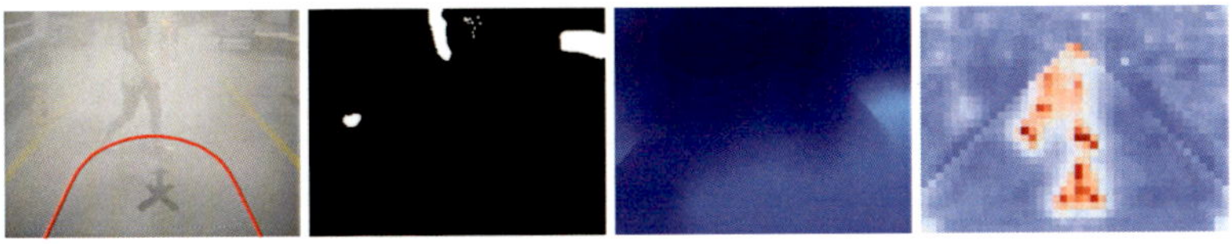

Abbildung 7.10: Beispieldetektionen bei Sichtstörungen durch Qualm: Keine rechtzeitige Detektion der Semantischen Segmentierung (Bild 2) und der Tiefenbildprädiktion (Bild 3). Robuste Detektion der Anomaliedetektion (Bild 4).

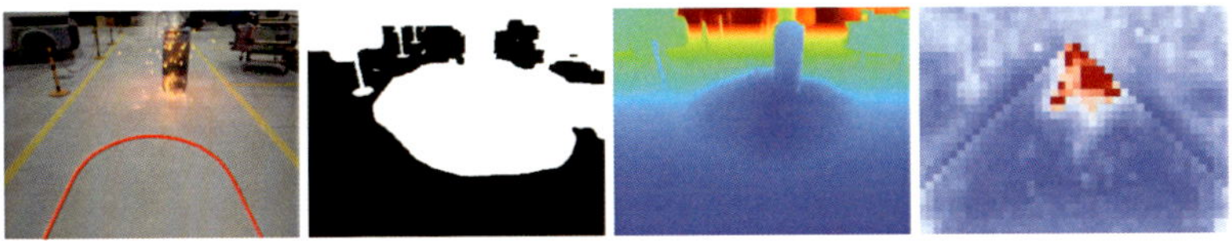

Abbildung 7.11: Beispieldetektionen bei Sichtstörungen durch Funkenflug: Zu hohe Sensitivität der Semantischen Segmentierung (Bild 2) und der Tiefenbildprädiktion (Bild 3), hohe Robustheit der Anomaliedetektion (Bild 4).

bei normaler Beleuchtungsstärke korrekt. Ist die Umgebung zu hell oder zu dunkel kommt es zu falsch-positiven Klassifikationen. Trotz schlechterer Klassifikationsgüte ist dieses Verhalten im Anwendungsfall mit Blick auf die Sicherheit zu bevorzugen.

Abbildung 7.13 zeigt den Einfluss der Beleuchtungsintensität auf den Anomaliewert. Während eine etwas geringere Helligkeit noch kein Problem für die Anomaliedetektion darstellt, fehlen bei vollständiger Dunkelheit die Merkmale, um Hindernisse zu detektieren. Eine hohe Beleuchtungsstärke führt prinzipiell zu stärkeren Unterschieden bei den Anomaliewerten. Abbildung 7.14 zeigt Bild 1750 des Testdatensatzes. Hier führt die ungewöhnlich tief stehende Beleuchtung zu stärkeren Schatten und einer erhöhten Textur des Untergrunds. Dadurch kann es zu Fehldetektionen kommen.

Die semantische Segmentierung verhält sich ähnlich der Anomaliedetektion. Wird es zu dunkel, kommt es auch hier zu nicht erkannten Objekten. Die Tiefenprädiktion reagiert empfindlicher auf die Änderung der Bodenintensität. Zunächst detektiert sie Objekte aufgrund des zu hellen Bodens. Anschließend kommt es zu Fehldetektionen bei zu wenig Lichteinfall.

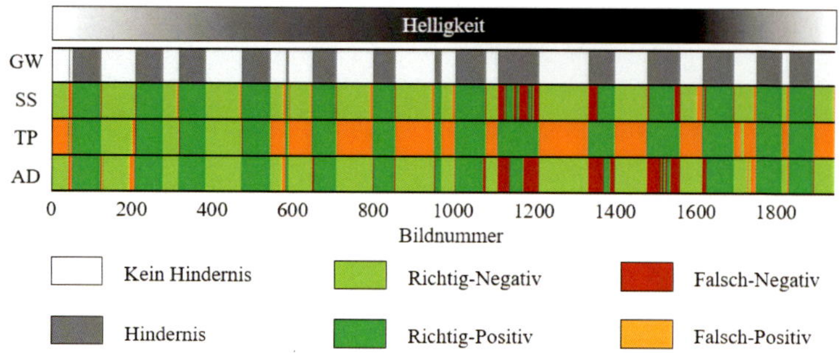

Abbildung 7.12: Korrektheit der Klassifizierungen der semantischen Segmentierung (SS), der Tiefenbildprädiktion (TP) und der Anomaliedetektion (AD) im Vergleich zur Grundwahrheit (GW) auf dem Datensatz mit Beleuchtungsunterschieden.

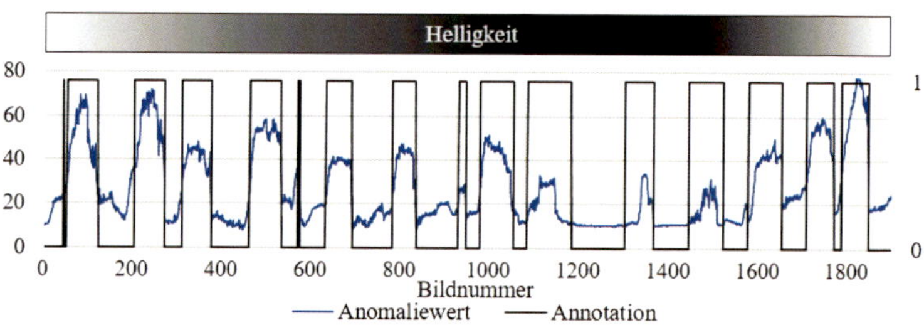

Abbildung 7.13: Verlauf des Anomaliewerts bei wechselnder Helligkeit: Die Amplitude der Anomaliewerte verringert sich mit geringerer Helligkeit.

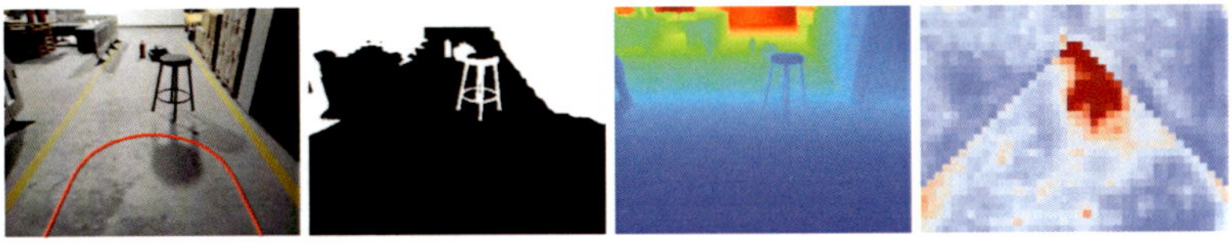

Abbildung 7.14: Beispieldetektionen bei wechselnder Helligkeit: Die semantische Segmentierung zeigt ein robustes Verhalten trotz Schattenwurf und verstärkt wahrnehmbarer Textur (Bild 2); Fehldetektion bei der Tiefenprädiktion (Bild 3) und robustes Verhalten der Anomaliedetektion (Bild 4).

7.1.7. Verunreinigter Boden

Der Datensatz adressiert die Empfindlichkeit der Modelle gegenüber Verunreinigungen auf dem Boden. Abbildung 7.15 zeigt die Klassifikationen der drei untersuchten Modelle. Der Datensatz umfasst keinerlei Hindernisse. Alle Änderungen des Bodens lassen sich überfahren.
Abbildung 7.16 zeigt den Output der drei betrachteten Algorithmen bei Bild 120 des Testdatensatzes. Hier zu sehen ist eine Verunreinigung durch Reifenspuren und ein neuer Bodenaufdruck. Der neuartige Bodenaufdruck produziert hohe Anomaliewerte. Die starken Reifenspuren im vorderen Bildbereich hingegen zeigen, dass das Modell robust gegenüber Verunreinigungen ist. Zu starke Abweichungen vom Bodenmodell führen zu Fehldetektionen.
Die Benchmark-Algorithmen zeigen hier das gleiche Maß Robustheit. Auch sie klassifizieren den verunreinigten Boden korrekt, scheitern jedoch an neuartigen Bodenmarkierungen. Damit liefern sie keinerlei Mehrwert im Vergleich zur Anomaliedetektion. Insbesondere die Tiefenbildprädiktion scheitert den Aufdruck auf dem Boden als zweidimensionale Struktur zu erkennen. Auch hier würde ein Verfahren, das geometrische Informationen aus der Umgebung extrahiert (bspw. Optischer Fluss), eine höhere Robustheit erzielen.

7.1.8. Zwischenfazit

Die Ergebnisse auf den Testdatensätzen attestieren der Anomaliedetektion die Konkurrenzfähigkeit mit den Benchmark-Algorithmen. Die Zuverlässigkeit der Erkennung beliebiger Hindernisse erreicht dasselbe Niveau wie

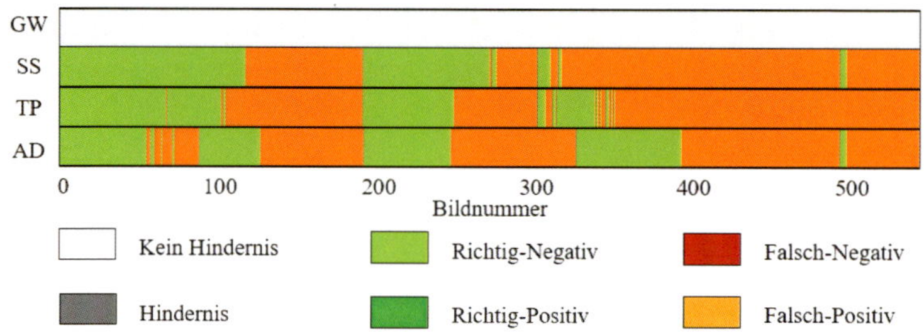

Abbildung 7.15: Korrektheit der Klassifizierungen der semantischen Segmentierung (SS), der Tiefenbildprädiktion (TP) und der Anomaliedetektion (AD) im Vergleich zur Grundwahrheit (GW) auf Datensatz mit verunreinigtem Boden.

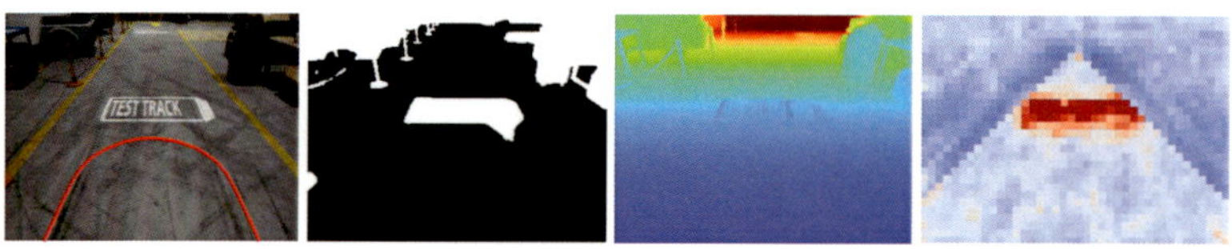

Abbildung 7.16: Beispieldetektion bei verunreinigtem Boden: Die Modelle – semantische Segmentierung (Bild 2), Tiefenbildprädiktion (Bild 3) und Anomaliedetektion (Bild 4) – zeigen eine hohe Robustheit gegenüber kleinen Änderungen wie Reifenspuren und eine hohe Sensitivität bei neuen Fahrbahnmarkierungen.

die semantische Segmentierung und die Tiefenbildprädiktion. Dabei wurde bestätigt, dass Hindernisse, die aus den Trainingsdaten nicht bekannt waren, trotzdem gut erkannt wurden. Diese Eigenschaft konnte ebenso bei den Benchmark-Algorithmen erkannt werden. Die Untersuchung zeigte, dass alle drei Modelle eine ausreichende Empfindlichkeit besitzen, um auch solche Objekte zu erkennen, die durch ihre Farbe vermeintlich schlecht erkennbar sind. Die Eigenschaft, schwebende Objekte nicht rechtzeitig zu erkennen, wurde bereits im Modell-Design der Anomaliedetektion hingenommen. Die Evaluierung der Tiefenbildprädiktion konnte nun zeigen, dass auch dieser Algorithmus nicht zuverlässig die Tiefe abschätzen kann und somit diesen Vorteil einbüßen muss.
Die Anomaliedetektion zeigt ihre Stärken bei visuellen Störungen wie Qualm und Regen, bei starken Veränderungen der Beleuchtung, sowie bei einem verunreinigten Boden. Das Verfahren zeigt eine deutlich höhere Robustheit. Gleichzeitig soll an dieser Stelle darauf hingewiesen werden, dass die höhere Leistungsfähigkeit der Anomaliedetektion mit weniger Trainingsdaten erzielt werden konnte. Die verwendeten Trainingsdaten kommen zudem gänzlich ohne Annotationen aus. Die Trainingsdaten der Benchmark-Algorithmen sind wirtschaftlich lediglich einer Simulation zu entnehmen.

7.2. Feldversuche

Im Rahmen der Feldversuche soll die Übertragbarkeit der Simulationsergebnisse untersucht werden. Dazu wird die Anomaliedetektion auf die Realdaten angewendet. Dabei kann kein Vergleich mit den Benchmark-Algorithmen erfolgen, da der Realdatensatz dazu einen zu geringen Umfang hat und die für die Erstellung der Trainingsdaten notwendige Grundwahrheit einen hohen Arbeitsaufwand verursacht.
Weiterhin wird in den Feldversuchen die dynamische Anpassung des Normalitätsmodells erprobt. Schließlich lässt sich damit ein Fazit bezüglich der Praxistauglichkeit des Verfahrens formulieren.

7.2.1. Übertragbarkeit der Ergebnisse

Für diese Untersuchung wird das zuvor entwickelte Konzept der Anomaliedetektion verwendet. Der Klassifikator kann jedoch nicht ohne erneutes Training von der Simulation auf die Realdaten übertragen werden. Das Normalitätsmodell wird während der Trainingsfahrt erstellt. Dafür wird

der erste Teil des Datensatzes verwendet, vgl. Kapitel 5.2.2.
In Abbildung 7.17 ist der Anomaliewert über den Testlauf des Realdatensatzes aufgetragen. Der Graph zeigt, dass der Anomaliewert aller Hindernisse deutlich über dem der freien Fahrbahn liegt. Die Klassifizierung mittels des Schwellwerts führt daher zu einem maximalen F-Maß von $f_1 = 0,97$. In dem Versuch wurden zwei Normalitätsmodelle trainiert. Die Trainingsbilder aus Außen- und Innenbereich wurden manuell den zwei Normalitätsmodellen zugewiesen. Der nachfolgende Abschnitt erläutert die Modellqualität bei Verwendung eines einzelnen Modells und evaluiert die automatische Zuweisung in mehrere Normalitätsmodelle (dynamisches Normalitätsmodell).

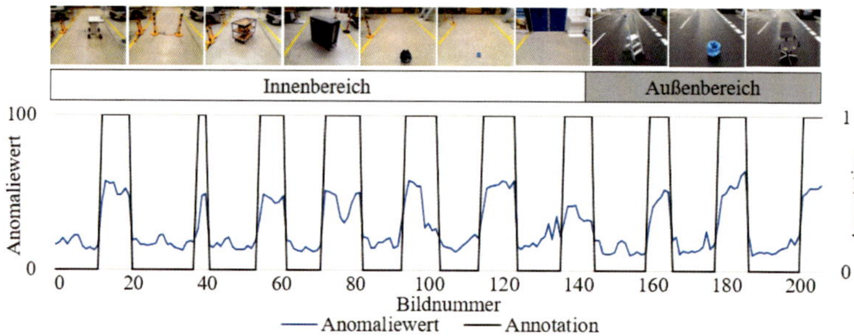

Abbildung 7.17: Verlauf des Anomaliewerts auf dem Realdatensatz: Die Bildreihe zeigt die Testbilder mit den zu erkennenden Hindernissen. Alle Hindernisse werden erkannt.

7.2.2. Dynamisches Normalitätsmodell

Die gute Klassifikationsgüte ist sowohl im Innenbereich, als auch im Außenbereich zu beobachten. Hierfür wurden zunächst zwei separate Normalitätsmodelle aufgestellt: Eines beinhaltet die Hallenumgebung mit der künstlichen Beleuchtungsquelle, das andere beinhaltet den Außenbereich mit dem Asphaltboden und der natürlichen Beleuchtung. In dem folgenden Abschnitt soll untersucht werden, inwiefern die Aufteilung in unterschiedliche Normalitätsmodelle notwendig ist. Dafür wird der Fall betrachtet, dass die Merkmalsvektoren aus Außen- und Innenbereich in einem gemeinsamen Normalitätsmodell modelliert werden. Das dynamische Normalitätsmodell

hat zum Ziel die manuelle Einteilung der Strecke algorithmisch abzubilden und mittels der Mahalanobis-Distanz ein objektives Kriterium für die Initiierung eines neuen Normalitätsmodells festzulegen.
Abbildung 7.18 trägt die durchschnittliche Mahalanobis-Distanz über den Verlauf der Trainingsfahrt auf. Es ist erkennbar, dass der Anomaliewert im Innenbereich um einen Wert von 10 schwankt. Bei der Fahrt in den Außenbereich erhöht sich die durchschnittliche Mahalanobis-Distanz.
Für die Festlegung des Schwellwerts bedeutet das, dass in einem gemeinsamen Normalitätsmodell der Schwellwert über der höheren durchschnittlichen Mahalanobis-Distanz liegen müsste. Im Innenbereich wäre die Hinderniserkennung dann weniger sensitiv als benötigt (vgl. Abbildung 4.11). Umgekehrt führt ein auf den Innenbereich angepasster Schwellwert im Außenbereich zu häufigeren Fehldetektionen.

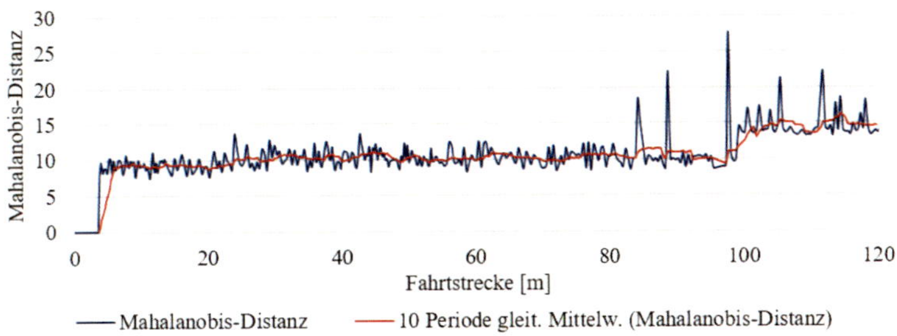

Abbildung 7.18: Verlauf der durchschnittlichen Mahalanobis-Distanz in der Trainingsfahrt des Realdatensatzes: Nach einer Strecke von 100 Metern beginnt der Außenbereich, wodurch die durchschnittliche Mahalanobis-Distanz ansteigt.

Abbildung 7.19 zeigt die Klassifikationsgüte auf dem Testteil der Realdaten unter Verwendung eines dynamischen Normaliätsmodells im Vergleich mit einem gemeinsamen Modell. Zunächst ist erkennbar, dass ein gemeinsames Normalitätsmodell für den Außen- und Innenbereich bereits zu einer guten Klassifikationsgüte führt. Trotz einiger falsch-negativer Klassifikationen kann der Algorithmus alle Hindernisse erkennen. Dies zeigt, dass die Modellierung mittels einer multivariaten Gauß-Verteilung grundsätzlich in der Lage ist, die Merkmalsvektoren unterschiedlicher Umgebungen in einer

Tabelle 7.2: Quantitativer Vergleich des dynamischen Normalitätsmodells

	ein Normalitätsmodell	**zwei Normalitätsmodelle (manuell)**	**dynamisches Normalitätsmodell**
max. F-Maß	0,93	0,97	0,97

Verteilung zu modellieren. Da die Verteilung im hochdimensionalen Merkmalsraum unbekannt ist, kann keine Aussage darüber getroffen werden, inwieweit auch Hindernisse in dem gemeinsamen Normalitätsmodell liegen könnten. Die falsch-negativen Klassifikationen lassen jedoch auf eine geringere Sensitivität des Klassifikators schließen.

Die manuelle Zuweisung der Trainingsdaten in zwei Normalitätsmodelle zeigt, dass die Klassifikationsgüte durch eine möglichst akkurate Modellierung der Merkmalsvektoren mit der multivariaten Gauß-Verteilung erfolgreich ist. Durch die händische Definition der Bereiche können alle Trainingsdaten in die jeweiligen Normalitätsmodelle einfließen. Das dynamische Normalitätsmodell hingegen verwendet nur N_0 Trainingsbilder für die Modellerstellung. Der Vergleich der maximalen F-Maße in Tabelle 7.2 zeigt, dass das Verfahren die Modellgüte der manuellen Erstellung erreicht.

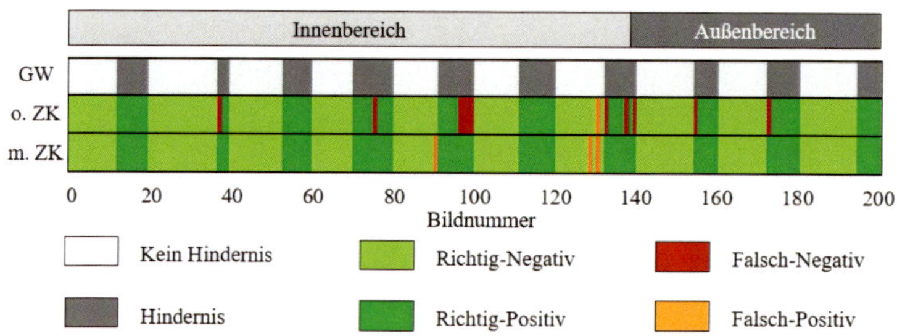

Abbildung 7.19: Korrektheit der Klassifizierungen mit und ohne zeitlichen Kontext (ZK): Die Klassifikation mit ZK verwendet je ein Normalitätsmodell für den Innen- und Außenbereich.

7.3. Fazit

In diesem Kapitel wurde die entwickelte Anomaliedetektion mit Benchmark-Algorithmen verglichen. Dazu wurden alle drei Modelle auf den Simulationsdatensätzen erprobt, in denen die für den Anwendungsfall kritischen Szenarien adressiert wurden. Es konnte zunächst gezeigt werden, dass alle drei Algorithmen in der Lage sind beliebige Hindernisse unter Normalbedingungen zuverlässig zu erkennen. Bei der Erkennung schwebender Objekte hat die Anomaliedetektion wie die semantische Segmentierung durch die Betrachtung des zweidimensionalen Bildes verfahrensbedingt Probleme. Die Tiefenbildprädiktion konnte hier ihren vermeintlichen Vorteil nicht nutzen. Die Anomaliedetektion zeigt erhebliche Vorteile gegenüber der semantischen Segmentierung bei visuellen Störungen wie Regen oder Qualm, bei Extremen der Beleuchtung und bei Verunreinigungen auf dem Hallenboden. Vor dem Hintergrund des verringerten Trainingsaufwands und der nicht benötigten Annotationen zeigt das Ergebnis den hohen Nutzen und die Praxistauglichkeit der Anomaliedetektion.
Der danach folgende Feldtest zeigt auf Basis von Realdaten die Übertragbarkeit der in der Simulation gewonnenen Ergebnisse. Die geringe Datenmenge spiegelt dabei die Praxisbedingungen des Anwendungsfalls wider. Durch das dynamische Normalitätsmodell kann eine sichere Hinderniserkennung im Innen- sowie im Außenbereich erfolgen.

8. Zusammenfassung und Ausblick

8.1. Zusammenfassung

In der Automobilfertigung werden die PKW am Ende des Montagebands in Betrieb genommen. Sobald die PKW fahrbereit sind, werden sie für die werksinternen Logistikfahrten manuell durch einen Fahrer bewegt. So wird der PKW einer Testfahrt unterworfen, geparkt und verladen. Die Kosten für die werksinternen Transportfahrten liegen im mittleren einstelligen Eurobereich.
Die fortschreitende Digitalisierung führt im Automobil zu einer zunehmenden Automatisierung der Fahraufgabe. Die verbauten Komponenten können in der werksinternen Fahrzeuglogistik für eine vollständige Automatisierung der Fahrzeugbewegungen eingesetzt werden. Die technische und rechtliche Komplexität ist in diesem Anwendungsfall geringer. Für eine wirtschaftliche Automatisierung muss die Hinderniserkennung jedoch mittels Komponenten der Serienausstattung erfolgen. Die Umsetzung der Hinderniserkennung mittels einer kostengünstigen Monokamera ist daher das praktische Ziel der vorliegenden Arbeit.
Die in der Bildverarbeitung potentiell geeigneten Methoden zur Erkennung von Hindernissen umfassen den Optischen Fluss, die Objekterkennung und die Tiefenbildschätzung mittels Künstlicher Neuronaler Netze sowie den direkten Bildvergleich. Keine der Methoden eignet sich für den Anwendungsfall der werksinternen Fahrzeugautomatisierung. Die Analyse der existierenden Methoden lieferte jedoch Anforderungen an die zu entwickelnde Hinderniserkennung und deren Validierung.
Die Anomaliedetektion stellt ein Verfahren dar, bei dem die zu erkennenden Objektklassen nicht explizit Teil des Trainings sind. Da beliebige Hindernisse zuverlässig erkannt werden müssen, spricht diese Eigenschaft für die Verwendung des Verfahrens im untersuchten Anwendungsfall. Die tiefergehende Analyse des Stands der Wissenschaft bringt effiziente Verfahren des Lerntransfers zum Vorschein. Insbesondere in Anwendungsfällen der Qualitätsüberwachung kann die Anomaliedetektion ihre Stärken unter Beweis stellen. Der Anwendungsfall der Hinderniserkennung bleibt bis auf einzelne vielversprechende Arbeiten jedoch wenig betrachtet.
So besteht die Lösungshypothese darin, dass der Ansatz der Anomaliedetektion für die Aufgabe der zuverlässigen Hinderniserkennung geeignet ist. Die richtigen Komponenten für die Hinderniserkennung auszuwählen,

das Verfahren durch Berücksichtigung des Kontextes weiterzuentwickeln und schließlich im Anwendungsfall zu validieren sind die zu leistenden Arbeiten.
Für die Entwicklung und Erprobung der Hinderniserkennung kommen zwei Datensätze zum Einsatz. Simulationsdaten ermöglichen das Nachstellen seltener und gefährlicher Situationen. Sie beinhalten zudem die Grundwahrheit und ermöglichen damit den Vergleich mit Benchmark-Algorithmen. Die Realdaten ermöglichen die Validierung der Simulationsergebnisse. Sie liefern zudem den Beweis der Praxistauglichkeit.
Auf Basis der Datensätze werden zunächst die Bausteine einer leistungsfähigen Anomaliedetektion bestimmt. Das Künstliche Neuronale Netz MobileNet liefert deskriptive Merkmalsvektoren, die mithilfe einer multivariaten Gauß-Verteilung modelliert werden. Die Nutzung des räumlichen und zeitlichen Kontextes verbessert dabei die Klassifikationsgüte.
Schließlich wird die Anomaliedetektion mit den Benchmark-Algorithmen verglichen. Im adressierten Anwendungsfall liefert die Anomaliedetektion konkurrenzfähige Ergebnisse. In Situationen mit erhöhter Komplexität durch Beleuchtungsunterschiede, Verschmutzung oder Qualm zeigt sie eine erhöhte Robustheit. Die Versuche auf dem Realdatensatz bestätigen die Simulationsergebnisse und beweisen die Praxis-Tauglichkeit. Das dynamische Normalitätsmodell ermöglicht schließlich die Verwendung des Verfahrens bei wechselnden Umgebungsbedingungen.
Die Anomaliedetektion stellt damit ein für die Aufgabe der fabrikinternen Hinderniserkennung geeignetes Verfahren dar. Durch die hochdimensionalen Merkmalsvektoren gelingt ihr ein komplexes Bildverständnis. Die Anomaliedetektion unterscheidet zuverlässig Hindernisse vom Fahrbahnuntergrund. Damit ähnelt sie in ihrer Leistungsfähigkeit einer modernen semantischen Segmentierung; die Modellierung mittels multivariater Gauß-Verteilungen ermöglicht jedoch ein aufwandsarmes Training. Das Verfahren verzichtet auf die Annotation von Trainingsdaten und benötigt durch die Verwendung vortrainierter Neuronaler Netze nur einen Bruchteil der Trainingsdaten, die für eine vergleichbare semantische Segmentierung notwendig sind.

8.2. Diskussion zur funktionalen Sicherheit

Computer Vision, insbesondere Künstliche Neuronale Netze, kommen bislang nicht in sicherheitskritischen Anwendungen zum Einsatz. Die

Basisnorm der Funktionalen Sicherheit IEC 61508[201] und abgeleitete domänenspezifische Normen wie die IEC 62061[202] oder ISO 13849[203] für die Maschinensicherheit können für Bildverarbeitungssysteme nicht angewendet werden. Die probabilistischen Eigenschaften stehen im Kontrast zu dem in den Normen geforderten Determinismus. Das Training von Computer Vision zielt darauf ab, dass der Algorithmus Entscheidungen für neue Daten generalisiert – eine Stärke, die das Ergebnis aus Sicht der funktionalen Sicherheit unvorhersehbar macht. Schließlich ist die Verifikation und Validierung der Algorithmen mittels der üblicherweise verwendeten Softwaretests aufgrund der hohen Komplexität Künstlicher Neuronaler Netze unmöglich.[204]

Der für die behördliche Zulassung notwendige Sicherheitsnachweis kann daher nicht aus der Konformität mit geltenden Standards abgeleitet werden. Der Nachweis sehr geringer Ausfallwahrscheinlichkeiten über Dauertests gestaltet sich ebenfalls schwierig. Für das Performance Level d müssten für eine Konfidenz von 99% etwa $4{,}605 \cdot 10^6$ Stunden getestet werden.[205] Aus diesem Grund wird der Sicherheitsnachweis des hochautomatisierten Fahrens im offenen Parameterraum der unbekannten Welt als unmöglich angesehen.[206] Trotz eines deutlich reduzierten Parameterraums im Anwendungsfall der werksinternen Fahrzeugautomatisierung existiert dieselbe Problemstellung.

Sollen in der Maschinensicherheit zukünftig komplexe Algorithmen wie Künstliche Neuronale Netze die Datenverarbeitung übernehmen, müssen genügend Hinweise vorliegen, dass keinerlei Gefahr von dem System ausgeht. Einen strikten Beweis wird es durch die hohe Komplexität zukünftig nicht mehr geben. In der Entwicklung moderner Fahrerassistenzsysteme ist dieses Paradigma bereits in dem SOTIF-Standard ISO 21448[207] verankert.

[201] DIN EN 61508 (Funktionale Sicherheit sicherheitsbezogener elektrischer/elektronischer/programmierbarer elektronischer Systeme) 2011-02-01.

[202] DIN EN 62061 (Sicherheit von Maschinen - Funktionale Sicherheit sicherheitsbezogener elektrischer, elektronischer und programmierbarer elektronischer Steuerungssysteme) 2016.

[203] DIN EN ISO 13849-1 (Sicherheit von Maschinen - Sicherheitsbezogene Teile von Steuerungen - Teil 1: Allgemeine Gestaltungsleitsätze) 2016.

[204] Vgl. Spanfelner et al. (Challenges in applying the ISO 26262 for driver assistance systems) 2012.

[205] Vgl. Kalra et al. (Driving to safety: How many miles of driving would it take to demonstrate autonomous vehicle reliability?) 2016.

[206] Riedmaier et al. (Survey on Scenario-Based Safety Assessment of Automated Vehicles) 2020.

[207] ISO/PAS 21448 (Straßenfahrzeuge - Sicherheit der beabsichtigten Funktion) 2019.

Dieser spezifiziert, dass unbekannte, gefährliche Fehler minimiert werden müssen. Dies geschieht durch das Aufdecken von *triggering conditions*, Ereignisse bei denen das Systemverhalten nicht bekannt oder unsicher ist. Hierfür muss die Sollfunktion in graphischen Simulationen, auf aufgezeichneten Videos und schließlich in der realen Anwendung getestet werden. Die Ergebnisse dieser Arbeit liefern einen Beitrag dazu.

8.3. Ausblick

Die vorliegende Arbeit liefert den Nachweis, dass mithilfe einer Anomaliedetektion eine visuelle Hinderniserkennung im Fabrikumfeld umgesetzt werden kann. Weiterführende Forschungsaktivitäten können drei Bereichen zugeordnet werden.
Zunächst ist die Weiterentwicklung der Anomaliedetektion zu erforschen. Sowohl der Fortschritt der Künstlichen Neuronalen Netze als auch bessere Modellierungen der Merkmalsvektoren können die Klassifikationsgüte weiter verbessern. Der Vergleich der wahrgenommenen Umgebung mit einem passenden Normalitätsmodell kann durch eine Karte verbessert werden. Diese definiert für jeden Ort im Raum ein Normalitätsmodell. Eine präzisere Lokalisierung der Hindernisse ist durch das Verwenden einer Auto-Encoder-Architektur möglich. Hierdurch könnte eine Anomaliekarte in der Auflösung des Eingangsbilds generiert werden.
Die Validierung der Hinderniserkennung hat gezeigt, dass nicht alle Grenzfälle durch eine Anomaliedetektion zu bewältigen sind. Durch eine Modellfusion mit komplementären Ansätzen können zusätzlich räumliche Strukturen besser berücksichtigt werden. Der Optische Fluss des Bildes könnte die Fehldetektionen bei ungewöhnlichen Bodenmarkierungen verhindern und vor schwebenden Objekten warnen.
Weitere Forschungsaktivitäten sind notwendig im Bereich der Datengenerierung. Die Praxistauglichkeit des verwendeten Verfahrens ist abhängig von der Datenverfügbarkeit. Zur Erhöhung der Zuverlässigkeit und Robustheit sollte eine umfassende Datenbank mit diversen Untergründen aufgesetzt werden. Dazu sollten die Kamerabilder der OEM-Fahrzeugbewegungen aufgezeichnet werden. Mit Blick auf Abschnitt 8.2 kann die Datenbank für den Sicherheitsnachweis verwendet werden.

Literatur

A. Hevner. A Three Cycle View of Design Science Research. In: 2007. URL: https://www.semanticscholar.org/paper/A-Three-Cycle-View-of-Design-Science-Research-Hevner/1fed03f8f581db40822226dd8017bf914a5994fb (besucht am 27. 03. 2022).

Abadi, M.; Agarwal, A.; Barham, P.; Brevdo, E.; Chen, Z.; Citro, C.; Corrado, G. S.; Davis, A.; Dean, J.; Devin, M.; Ghemawat, S.; Goodfellow, I.; Harp, A.; Irving, G.; Isard, M.; Jia, Y.; Jozefowicz, R.; Kaiser, L.; Kudlur, M.; Levenberg, J.; Mane, D.; Monga, R.; Moore, S.; Murray, D.; Olah, C.; Schuster, M.; Shlens, J.; Steiner, B.; Sutskever, I.; Talwar, K.; Tucker, P.; Vanhoucke, V.; Vasudevan, V.; Viegas, F.; Vinyals, O.; Warden, P.; Wattenberg, M.; Wicke, M.; Yu, Y.; Zheng, X. TensorFlow: Large-Scale Machine Learning on Heterogeneous Distributed Systems. 2016. URL: https://arxiv.org/pdf/1603.04467 (besucht am 27. 03. 2022).

Afonso, B. M.; Cinelli, L. P.; Thomaz, L. A.; da Silva, A. F.; da Silva, E. A. B.; Netto, S. L. Moving-Camera Video Surveillance in Cluttered Environments Using Deep Features. In: *2018 IEEE International Conference on Image Processing*. Piscataway, NJ: IEEE, 2018, S. 2296–2300. DOI: 10.1109/ICIP.2018.8451540.

Alhashim, I.; Wonka, P. High Quality Monocular Depth Estimation via Transfer Learning. 2018. URL: http://arxiv.org/pdf/1812.11941v2 (besucht am 27. 03. 2022).

Andrews, J. T.; Tanay, T.; Morton, E. J.; Griffin, L. D. Transfer Representation-Learning for Anomaly Detection. 2016. URL: https://discovery.ucl.ac.uk/id/eprint/10062495/.

apartmenttherapy.com. Crosswalk in Iceland. Pinterest, 2021. URL: https://www.pinterest.de/pin/254031853837123457 (besucht am 11. 03. 2022).

Arnab, A.; Miksik, O.; Torr, P. H. S. On the Robustness of Semantic Segmentation Models to Adversarial Attacks. 2017. URL: https://arxiv.org/pdf/1711.09856 (besucht am 27. 03. 2022).

Badrinarayanan, V.; Kendall, A.; Cipolla, R. SegNet: A Deep Convolutional Encoder-Decoder Architecture for Image Segmentation. In: *IEEE transactions on pattern analysis and machine intelligence* 39.12, 2017, S. 2481–2495. DOI: 10.1109/TPAMI.2016.2644615.

Becker, J.; Prischmann, M. Konnektionistische Modelle: Grundlagen und Anwendungen. Bd. 5. Arbeitsberichte des Instituts für Wirtschaftsinformatik. Münster: Institut für Wirtschaftsinformatik Westfälische Wilhelms-Universität, 1991.

Bergman, L.; Cohen, N.; Hoshen, Y. Deep Nearest Neighbor Anomaly Detection. 2020. URL: https://arxiv.org/pdf/2002.10445 (besucht am 27. 03. 2022).

Bergmann, P.; Fauser, M.; Sattlegger, D.; Steger, C. Uninformed Students: Student-Teacher Anomaly Detection With Discriminative Latent Embeddings. In: *2020 IEEE/CVF Conference on Computer Vision and Pattern Recognition.* Hrsg. von E. Mortensen; M. Masson. Piscataway, NJ: IEEE, 2020, S. 4182–4191. DOI: 10.1109/CVPR42600.2020.00424.

Bergmann, P.; Löwe, S.; Fauser, M.; Sattlegger, D.; Steger, C. Improving Unsupervised Defect Segmentation by Applying Structural Similarity to Autoencoders. In: *Proceedings of the 14th International 2019*, S. 372–380. DOI: 10.5220/0007364503720380.

Bishop, C. M. Pattern recognition and machine learning. Corrected at 8th printing 2009. Information science and statistics. New York, NY: Springer, 2009.

Bo Zong; Qi Song; Martin Renqiang Min; Wei Cheng; Cristian Lumezanu; Daeki Cho; Haifeng Chen. Deep Autoencoding Gaussian Mixture Model for Unsupervised Anomaly Detection. In: *International Conference on Learning Representations.* 2018. URL:

https://openreview.net/forum?id=BJJLHbb0- (besucht am 27. 03. 2022).

Börcsök, J. Funktionale Sicherheit: Grundzüge sicherheitstechnischer Systeme. 4., aktualisierte Auflage. Berlin und Offenbach: VDE Verlag GmbH, 2015.

Bouindour, S.; Snoussi, H.; Hittawe, M.; Tazi, N.; Wang, T. An On-Line and Adaptive Method for Detecting Abnormal Events in Videos Using Spatio-Temporal ConvNet. In: *Applied Sciences* 9.4, 2019, S. 757. DOI: 10.3390/app9040757.

Burggräf, P.; Dannapfel, M.; Vierschilling, S. P.; Wenning, M. Selbstfahrende Pkw in der Distributionslogistik. In: *ATZproduktion* 7.2, 2020, S. 52–55. DOI: 10.1007/s35726-020-0072-5.

Chalapathy, R.; Menon, A. K.; Chawla, S. Anomaly Detection using One-Class Neural Networks. 2018. URL: https://arxiv.org/pdf/1802.06360 (besucht am 27. 03. 2022).

Chandola, V.; Banerjee, A.; Kumar, V. Anomaly detection. In: *ACM Computing Surveys* 41.3, 2009, S. 1–58. DOI: 10.1145/1541880.1541882.

Cheng, C.-H.; Diehl, F.; Hamza, Y.; Hinz, G.; Nührenberg, G.; Rickert, M.; Ruess, H.; Troung-Le, M. Neural Networks for Safety-Critical Applications - Challenges, Experiments and Perspectives. 2017. URL: https://arxiv.org/pdf/1709.00911 (besucht am 27. 03. 2022).

Christiansen, P.; Nielsen, L. N.; Steen, K. A.; Jørgensen, R. N.; Karstoft, H. DeepAnomaly: Combining Background Subtraction and Deep Learning for Detecting Obstacles and Anomalies in an Agricultural Field. In: *Sensors (Basel, Switzerland)* 16.11, 2016. DOI: 10.3390/s16111904.

Cohen, N.; Hoshen, Y. Transformer-Based Anomaly Segmentation. 2020. URL: http://arxiv.org/pdf/2005.02357v2 (besucht am 27. 03. 2022).

da Silva, A. F.; Thomaz, L. A.; Netto, S. L.; da Silva, E. A. B. Online video-based sequence synchronization for moving camera object detection. In: *2017 IEEE 19th International Workshop on Multimedia Signal Processing (MMSP)*. Piscataway, NJ: IEEE, 2017, S. 1–6. DOI: 10.1109/MMSP.2017.8122268.

Davis, J.; Goadrich, M. The relationship between Precision-Recall and ROC curves. In: *Proceedings of the 23rd international conference on Machine learning*. Hrsg. von W. Cohen. New York, NY: ACM, 2006, S. 233–240. DOI: 10.1145/1143844.1143874.

Deng, L. The MNIST Database of Handwritten Digit Images for Machine Learning Research [Best of the Web]. In: *IEEE Signal Processing Magazine* 29.6, 2012, S. 141–142. DOI: 10.1109/MSP.2012.2211477.

Denys Rutkovskyi. Factory Environment Collection. 2020. URL: https://www.unrealengine.com/marketplace/en-US/product/factory-environment-collection (besucht am 12. 08. 2021).

Devlin, S. J.; Gnanadesikan R.; Kettenring, J. R. Robust estimation and outlier detection with correlation coefficients. In: *Biometrika* 62.3, 1975, S. 531–545. DOI: 10.1093/biomet/62.3.531.

DIN EN 61508. Funktionale Sicherheit sicherheitsbezogener elektrischer/elektronischer/programmierbarer elektronischer Systeme. 2011-02-01.

DIN EN 62061. Sicherheit von Maschinen - Funktionale Sicherheit sicherheitsbezogener elektrischer, elektronischer und programmierbarer elektronischer Steuerungssysteme. 2016.

DIN EN ISO 12100. Sicherheit von Maschinen - Allgemeine Gestaltungsleitsätze - Risikobeurteilung und Risikominderung. Berlin, 2011. DOI: 10.31030/1634159.

DIN EN ISO 13849-1. Sicherheit von Maschinen - Sicherheitsbezogene Teile von Steuerungen - Teil 1: Allgemeine Gestaltungsleitsätze. Berlin, 2016. DOI: 10.31030/2300069.

DIN EN ISO 3691-4. Flurförderzeuge - Sicherheitstechnische Anforderungen und Verifizierung - Teil 4: Fahrerlose Flurförderzeuge und ihre Systeme. Berlin, 2020. DOI: 10.31030/3115532.

drweb.de. Erzwungene Perspektive. Pinterest, 2021. URL: https://www.pinterest.de/pin/548031848386604433/ (besucht am 11. 03. 2022).

Du Tran; Ray, J.; Shou, Z.; Chang, S.-F.; Paluri, M. ConvNet Architecture Search for Spatiotemporal Feature Learning. 2017. URL: http://arxiv.org/pdf/1708.05038v1 (besucht am 27. 03. 2022).

Eigen, D.; Puhrsch, C.; Fergus, R. Depth Map Prediction from a Single Image using a Multi-Scale Deep Network. 2014. URL: http://arxiv.org/pdf/1406.2283v1 (besucht am 27. 03. 2022).

Epic Games. Open World Demo Collection. 2015. URL: https://www.unrealengine.com/marketplace/en-US/product/open-world-demo-collection (besucht am 12. 08. 2021).

Ergen, T.; Kozat, S. S. Unsupervised Anomaly Detection With LSTM Neural Networks. In: *IEEE transactions on neural networks and learning systems* 31.8, 2020, S. 3127–3141. DOI: 10.1109/TNNLS.2019.2935975.

Europäische Union. Regulation of the European Parliament and of the Council on type-approval requirements for motor vehicles and their trailers, and systems, components and separate technical units intended for such vehicles, as regards their general safety and the protection of vehicle occupants and vulnerable road users: PE-CONS 82/19. 2019.

Flach, P. A. Reinventing Machine Learning with ROC Analysis. In: *Advances in artificial intelligence - IBERAMIA-SBIA 2006.*

Hrsg. von J. S. Sichman; H. Coelho; S. O. Rezende. Bd. 4140. Lecture notes in computer science Lecture notes in artificial intelligence. Berlin: Springer, 2006, S. 4–5. DOI: 10.1007/11874850_3.

Funke, C. M.; Borowski, J.; Stosio, K.; Brendel, W.; Wallis, T. S. A.; Bethge, M. Five Points to Check when Comparing Visual Perception in Humans and Machines. 2020. URL: http://arxiv.org/pdf/2004.09406v2 (besucht am 27. 03. 2022).

Gallego, G.; Cuevas, C.; Mohedano, R.; Garcia, N. On the Mahalanobis Distance Classification Criterion for Multidimensional Normal Distributions. In: *IEEE Transactions on Signal Processing* 61.17, 2013, S. 4387–4396. DOI: 10.1109/tsp.2013.2269047.

Garcia-Garcia, B.; Bouwmans, T.; Rosales Silva, A. J. Background subtraction in real applications: Challenges, current models and future directions. In: *Computer Science Review* 35, 2020, S. 100204. DOI: 10.1016/j.cosrev.2019.100204.

García Rubio, V.; Rodrigo Ferrán, J. A.; Menéndez García, J. M.; Sánchez Almodóvar, N.; Lalueza Mayordomo, J. M.; Álvarez, F. Automatic Change Detection System over Unmanned Aerial Vehicle Video Sequences Based on Convolutional Neural Networks. In: *Sensors (Basel, Switzerland)* 19.20, 2019. DOI: 10.3390/s19204484.

Geiger, A.; Lenz, P.; Stiller, C.; Urtasun, R. Vision meets robotics: The KITTI dataset. In: *The International Journal of Robotics Research* 32.11, 2013, S. 1231–1237. DOI: 10.1177/0278364913491297.

Gong, D.; Liu, L.; Le, V.; Saha, B.; Mansour, M. R.; Venkatesh, S.; van den Hengel, A. Memorizing Normality to Detect Anomaly: Memory-Augmented Deep Autoencoder for Unsupervised Anomaly Detection. In: *Proceedings of the IEEE/CVF International Conference on Computer Vision (ICCV)*. 2019.

Goodfellow, I. J.; Pouget-Abadie, J.; Mirza, M.; Xu, B.; Warde-Farley, D.; Ozair, S.; Courville, A.; Bengio, Y.

Generative Adversarial Networks. 2014. URL: https://arxiv.org/pdf/1406.2661 (besucht am 27. 03. 2022).

Gregor, S.; Hevner, A. R. Positioning and Presenting Design Science Research for Maximum Impact. In: *MIS Quarterly* 37.2, 2013, S. 337–355. DOI: 10.25300/MISQ/2013/37.2.01.

Hakuli, S.; Lotz, F.; Singer, C. Handbuch Fahrerassistenzsysteme: Grundlagen, Komponenten und Systeme für aktive Sicherheit und Komfort. 3., überarb. und erg. Aufl. ATZ/MTZ-Fachbuch. Wiesbaden: Springer Vieweg, 2015. DOI: 10.1007/978-3-658-05734-3. URL: http://search.ebscohost.com/login.aspx?direct=true&scope=site&db=nlebk&AN=961554.

Haselmann, M.; Gruber, D. P.; Tabatabai, P. Anomaly Detection Using Deep Learning Based Image Completion. In: *17th IEEE International Conference on Machine Learning and Applications.* Hrsg. von M. A. Wani. Los Alamitos, CA: IEEE Computer Society, Conference Publishing Services, 2018, S. 1237–1242. DOI: 10.1109/ICMLA.2018.00201.

Hayes, M. A.; Capretz, M. am. Contextual anomaly detection framework for big sensor data. In: *Journal of Big Data* 2.1, 2015, S. 1–22. DOI: 10.1186/s40537-014-0011-y.

He, K.; Zhang, X.; Ren, S.; Sun, J. Deep Residual Learning for Image Recognition. 2015. URL: https://arxiv.org/pdf/1512.03385 (besucht am 27. 03. 2022).

He, K.; Zhang, X.; Ren, S.; Sun, J. Identity Mappings in Deep Residual Networks. 2016. URL: https://arxiv.org/pdf/1603.05027 (besucht am 27. 03. 2022).

Hevner; March; Park; Ram. Design Science in Information Systems Research. In: *MIS Quarterly* 28.1, 2004, S. 75. DOI: 10.2307/25148625.

Hinton, G. E.; Salakhutdinov, R. R. Reducing the dimensionality of data with neural networks. In: *Science (New York, N.Y.)* 313.5786, 2006, S. 504–507. DOI: 10.1126/science.1127647.

Hinton, G. E.; Srivastava, N.; Krizhevsky, A.; Sutskever, I.; Salakhutdinov, R. R. Improving neural networks by preventing co-adaptation of feature detectors. 2012. URL: https://arxiv.org/pdf/1207.0580 (besucht am 27. 03. 2022).

Hjalmarsson-Jordanius, A.; Edvardsson, M.; Romell, M.; Isacson, J.; Aldén, C.-J.; Sundin, N. Autonomous Transport: Transforming Logistics through Driverless Intelligent Transportation. In: *Transportation Research Record: Journal of the Transportation Research Board* 2672.7, 2018, S. 24–33. DOI: 10.1177/0361198118796968.

Horn, B. K.; Schunck, B. G. Determining optical flow. In: *Artificial Intelligence* 17.1-3, 1981, S. 185–203. DOI: 10.1016/0004-3702(81)90024-2.

Huang, G.; Liu, Z.; van der Maaten, L.; Weinberger, K. Q. Densely Connected Convolutional Networks. 2016. URL: https://arxiv.org/pdf/1608.06993 (besucht am 27. 03. 2022).

ISO/PAS 21448. Straßenfahrzeuge - Sicherheit der beabsichtigten Funktion. 2019.

Jaime Perez. Office Scene. 2020. URL: https://www.unrealengine.com/marketplace/en-US/product/office-scene (besucht am 12. 08. 2021).

Jardim, E.; Thomaz, L. A.; da Silva, E. A. B.; Netto, S. L. Domain-Transformable Sparse Representation for Anomaly Detection in Moving-Camera Videos. In: *IEEE transactions on image processing : a publication of the IEEE Signal Processing Society*, 2019. DOI: 10.1109/TIP.2019.2940686.

Kalra, N.; Paddock, S. M. Driving to safety: How many miles of driving would it take to demonstrate autonomous vehicle reliability?

In: *Transportation Research Part A: Policy and Practice* 94, 2016, S. 182–193. DOI: 10.1016/j.tra.2016.09.010.

Karpathy, A.; Toderici, G.; Shetty, S.; Leung, T.; Sukthankar, R.; Fei-Fei, L. Large-Scale Video Classification with Convolutional Neural Networks. In: *Computer Vision and Pattern Recognition (CVPR), 2014 IEEE Conference on.* [Place of publication not identified]: [publisher not identified], 2014, S. 1725–1732. DOI: 10.1109/CVPR.2014.223.

Kingma, D. P.; Ba, J. Adam: A Method for Stochastic Optimization. 2014. URL: https://arxiv.org/pdf/1412.6980 (besucht am 27. 03. 2022).

Klappstein, J. Optical-Flow Based Detection of Moving Objects in Traffic Scenes. Diss. Heidelberg University Library, 2008. DOI: 10.11588/heidok.00008591.

Kong, H.; Audibert, J.-Y.; Ponce, J. Detecting abandoned objects with a moving camera. In: *IEEE transactions on image processing : a publication of the IEEE Signal Processing Society* 19.8, 2010, S. 2201–2210. DOI: 10.1109/TIP.2010.2045714.

Krizhevsky, A.; Sutskever, I.; Hinton, G. E. ImageNet Classification with Deep Convolutional Neural Networks. In: *Advances in Neural Information Processing Systems.* Hrsg. von F. Pereira; C. J. C. Burges; L. Bottou; K. Q. Weinberger. Bd. 25. Curran Associates, Inc, 2012, S. 1097–1105. URL: https://proceedings.neurips.cc/paper/2012/file/c399862d3b9d6b76c8436e924a68c45b-Paper.pdf.

Lawson, W.; Bekele, E.; Sullivan, K. Finding Anomalies with Generative Adversarial Networks for a Patrolbot. In: *CVPRW 2017.* Piscataway, NJ: IEEE, 2017, S. 484–485. DOI: 10.1109/CVPRW.2017.68.

Lawson, W.; Hiatt, L.; Sullivan, K. Detecting Anomalous Objects on Mobile Platforms. In: *29th IEEE Conference on Computer Vision* *and Pattern Recognition workshops.* Piscataway, NJ: IEEE, 2016, S. 1426–1433. DOI: 10.1109/CVPRW.2016.179.

Lenz, B.; Winner, H.; Gerdes, J. C.; Maurer, M. Autonomes Fahren: Technische, rechtliche und gesellschaftliche Aspekte. s.l.: Springer, 2015. URL: http://www.doabooks.org/doab?func=fulltext&rid=18942 (besucht am 27. 03. 2022).

Long, J.; Shelhamer, E.; Darrell, T. Fully Convolutional Networks for Semantic Segmentation. In: *Proceedings of the IEEE Conference on Computer Vision and Pattern Recognition (CVPR).* 2015.

Luo, W.; Li, Y.; Urtasun, R.; Zemel, R. Understanding the Effective Receptive Field in Deep Convolutional Neural Networks. 2017. URL: https://arxiv.org/pdf/1701.04128 (besucht am 27. 03. 2022).

Ma, W.-C.; Tartavull, I.; Bârsan, I. A.; Wang, S.; Bai, M.; Mattyus, G.; Homayounfar, N.; Lakshmikanth, S. K.; Pokrovsky, A.; Urtasun, R. Exploiting Sparse Semantic HD Maps for Self-Driving Vehicle Localization. 2019. URL: https://arxiv.org/pdf/1908.03274 (besucht am 27. 03. 2022).

Maesschalck, R. de; Jouan-Rimbaud, D.; Massart, D. L. The Mahalanobis distance. In: *Chemometrics and Intelligent Laboratory Systems* 50.1, 2000, S. 1–18. DOI: 10.1016/S0169-7439(99)00047-7.

Mahalanobis, P. C. On the generalized distance in statistics. In: *Proceedings of the National Institute of Sciences (Calcutta)* 2, 1936, S. 49–55.

Minematsu, T.; Shimada, A.; Uchiyama, H.; Charvillat, V.; Taniguchi, R.-I. Reconstruction-Based Change Detection with Image Completion for a Free-Moving Camera. In: *Sensors (Basel, Switzerland)* 18.4, 2018. DOI: 10.3390/s18041232.

Molineros, J.; Cheng, S. Y.; Owechko, Y.; Levi, D.; Zhang, W. Monocular Rear-View Obstacle Detection Using Residual Flow. In: *Computer Vision – ECCV 2012. Workshops and Demonstrations.*

Hrsg. von D. Hutchison; T. Kanade; J. Kittler; J. M. Kleinberg; F. Mattern; J. C. Mitchell; M. Naor; O. Nierstrasz; C. Pandu Rangan; B. Steffen; M. Sudan; D. Terzopoulos; D. Tygar; M. Y. Vardi; G. Weikum; A. Fusiello; V. Murino; R. Cucchiara. Bd. 7584. Lecture Notes in Computer Science. Berlin, Heidelberg: Springer Berlin Heidelberg, 2012, S. 504–514. DOI: 10.1007/978-3-642-33868-7_50.

Mukojima, H.; Deguchi, D.; Kawanishi, Y.; Ide, I.; Murase, H.; Ukai, M.; Nagamine, N.; Nakasone, R. Moving camera background-subtraction for obstacle detection on railway tracks. In: *2016 IEEE International Conference on Image Processing.* Piscataway, NJ: IEEE, 2016, S. 3967–3971. DOI: 10.1109/ICIP.2016.7533104.

Napoletano, P.; Piccoli, F.; Schettini, R. Anomaly Detection in Nanofibrous Materials by CNN-Based Self-Similarity. In: *Sensors (Basel, Switzerland)* 18.1, 2018. DOI: 10.3390/s18010209.

Noh, H.; Hong, S.; Han, B. Learning Deconvolution Network for Semantic Segmentation. In: *Proceedings of the IEEE International Conference on Computer Vision (ICCV).* 2015.

Pan, S. J.; Yang, Q. A Survey on Transfer Learning. In: *IEEE Transactions on Knowledge and Data Engineering* 22.10, 2010, S. 1345–1359. DOI: 10.1109/TKDE.2009.191.

Pathak, D.; Krahenbuhl, P.; Donahue, J.; Darrell, T.; Efros, A. A. Context Encoders: Feature Learning by Inpainting. In: *Proceedings of the IEEE Conference on Computer Vision and Pattern Recognition (CVPR).* 2016.

Pimentel, M. A.; Clifton, D. A.; Clifton, L.; Tarassenko, L. A review of novelty detection. In: *Signal Processing* 99, 2014, S. 215–249. DOI: 10.1016/j.sigpro.2013.12.026.

Qiu, W.; Zhong, F.; Zhang, Y.; Qiao, S.; Xiao, Z.; Kim, T. S.; Wang, Y. UnrealCV. In: *MM'17.* Hrsg. von Q. Liu; R. Lienhart; H. Wang; S.-W. ".-T. Chen; S. Boll; P. Chen; G. Friedland; J. Li;

S. Yan. New York, NY, USA: ACM Association for Computing Machinery, 2017, S. 1221–1224. DOI: 10.1145/3123266.3129396.

Ravanbakhsh, M.; Nabi, M.; Sangineto, E.; Marcenaro, L.; Regazzoni, C.; Sebe, N. Abnormal Event Detection in Videos using Generative Adversarial Nets. 2017. URL: https://arxiv.org/pdf/1708.09644 (besucht am 27. 03. 2022).

Ravi Kiran, B.; Roldao, L.; Irastorza, B.; Verastegui, R.; Suss, S.; Yogamani, S.; Talpaert, V.; Lepoutre, A.; Trehard, G. Real-time Dynamic Object Detection for Autonomous Driving using Prior 3D-Maps. In: *Proceedings of the European Conference on Computer Vision (ECCV) Workshops*. 2018.

Redmon, J.; Divvala, S.; Girshick, R.; Farhadi, A. You only look once: Unified, real-time object detection. In: *Proceedings of the IEEE conference on computer vision and pattern recognition*. 2016, S. 779–788.

Reinhart, A.; Athey, A.; Biegalski, S. Spatially-Aware Temporal Anomaly Mapping of Gamma Spectra. In: *IEEE Transactions on Nuclear Science* 61.3, 2014, S. 1284–1289. DOI: 10.1109/TNS.2014.2317593.

Ren, Z.; Gallo, O.; Sun, D.; Yang, M.-H.; Sudderth, E. B.; Kautz, J. A Fusion Approach for Multi-Frame Optical Flow Estimation. 2018. URL: https://arxiv.org/pdf/1810.10066 (besucht am 27. 03. 2022).

Riedmaier, S.; Ponn, T.; Ludwig, D.; Schick, B.; Diermeyer, F. Survey on Scenario-Based Safety Assessment of Automated Vehicles. In: *IEEE Access* 8, 2020, S. 87456–87477. DOI: 10.1109/ACCESS.2020.2993730.

Rippel, O.; Mertens, P.; Merhof, D. Modeling the Distribution of Normal Data in Pre-Trained Deep Features for Anomaly Detection. 2020. URL: https://arxiv.org/pdf/2005.14140 (besucht am 27. 03. 2022).

Ronneberger, O.; Fischer, P.; Brox, T. U-Net: Convolutional Networks for Biomedical Image Segmentation. In: *Medical Image Computing and Computer-Assisted Intervention – MICCAI 2015.* Hrsg. von N. Navab; J. Hornegger; W. M. Wells; A. F. Frangi. Cham: Springer International Publishing, 2015, S. 234–241.

Ronneberger, O.; Fischer, P.; Brox, T. U-Net: Convolutional Networks for Biomedical Image Segmentation. 2015. URL: `https://arxiv.org/pdf/1505.04597` (besucht am 27. 03. 2022).

Ruff, L.; Vandermeulen, R.; Goernitz, N.; Deecke, L.; Siddiqui, S. A.; Binder, A.; Müller, E.; Kloft, M. Deep One-Class Classification. In: *Proceedings of the 35th International Conference on Machine Learning.* Hrsg. von J. Dy; A. Krause. Bd. 80. Proceedings of Machine Learning Research. PMLR, 2018, S. 4393–4402. URL: `http://proceedings.mlr.press/v80/ruff18a.html`.

Russakovsky, O.; Deng, J.; Su, H.; Krause, J.; Satheesh, S.; Ma, S.; Huang, Z.; Karpathy, A.; Khosla, A.; Bernstein, M.; Berg, A. C.; Fei-Fei, L. ImageNet Large Scale Visual Recognition Challenge. 2014. URL: `https://arxiv.org/pdf/1409.0575` (besucht am 27. 03. 2022).

Sabokrou, M.; Khalooei, M.; Fathy, M.; Adeli, E. Adversarially Learned One-Class Classifier for Novelty Detection. 2018. URL: `https://arxiv.org/pdf/1802.09088` (besucht am 27. 03. 2022).

Sadowski, P. Notes on backpropagation. 2016. URL: `http://www.ics.uci.edu/~pjsadows/notes.pdf` (besucht am 27. 03. 2022).

Sakurada, K.; Okatani, T. Change Detection from a Street Image Pair using CNN Features and Superpixel Segmentation. In: *Proceedings of the British Machine Vision Conference 2015.* Hrsg. von X. Xie; M. W. Jones; G. K. L. Tam. Durham: BMVA Press, 2015, S. 61.1–61.12. DOI: `10.5244/C.29.61`.

Sandler, M.; Howard, A.; Zhu, M.; Zhmoginov, A.; Chen, L.-C. MobileNetV2: Inverted Residuals and Linear Bottlenecks. In: *The IEEE Conference on Computer Vision and Pattern Recognition (CVPR)*, 2019. URL: https://arxiv.org/pdf/1801.04381 (besucht am 27. 03. 2022).

Sarafijanovic-Djukic, N.; Davis, J. Fast Distance-Based Anomaly Detection in Images Using an Inception-Like Autoencoder. In: *Discovery Science*. Hrsg. von S. Džeroski. Bd. 11828. LNCS Sublibrary. Cham: Springer International Publishing, 2019, S. 493–508. DOI: 10.1007/978-3-030-33778-0_37.

Schölkopf, B.; Platt, J. C.; Shawe-Taylor, J.; Smola, A. J.; Williamson, R. C. Estimating the support of a high-dimensional distribution. In: *Neural computation* 13.7, 2001, S. 1443–1471. DOI: 10.1162/089976601750264965.

Seif, H. G.; Hu, X. Autonomous Driving in the iCity—HD Maps as a Key Challenge of the Automotive Industry. In: *Engineering* 2.2, 2016, S. 159–162. DOI: 10.1016/J.ENG.2016.02.010. URL: https://www.sciencedirect.com/science/article/pii/S2095809916309432 (besucht am 27. 03. 2022).

Simonyan, K.; Zisserman, A. Very Deep Convolutional Networks for Large-Scale Image Recognition. 2014. URL: http://arxiv.org/pdf/1409.1556v6 (besucht am 27. 03. 2022).

Sinha, P.; Adelson, E. Verifying the 'consistency' of shading patterns and 3-D structures. In: *[1993] Proceedings IEEE Workshop 1993*, S. 71–80. DOI: 10.1109/WQV.1993.262948.

Sony Group Corporation. Sony Releases Stacked CMOS Image Sensor for Smartphones with Industry's Highest 48 Effective Megapixels. 2018. URL: https://www.sony.com/en/SonyInfo/News/Press/201807/18-060E/ (besucht am 07. 12. 2021).

Spanfelner, B.; Richter, D.; Ebel, S.; Wilhelm, U.; Branz, W.; Patz, C. Challenges in applying the ISO 26262 for driver assistance systems. 2012. URL: https://mediatum.ub.tum.de/doc/1142106/file.pdf (besucht am 27. 03. 2022).

Stachowiak, H. Allgemeine Modelltheorie. Wien u.a.: Springer, 1973.

Stauffer, C.; Grimson, W. Adaptive background mixture models for real-time tracking. In: *1999 IEEE Computer Society Conference on Computer Vision and Pattern Recognition.* Los Alamitos, Ca: IEEE Computer Society, 1999, S. 246–252. DOI: 10.1109/CVPR.1999.784637.

Switchboard Studios. Vehicle Variety Pack. 2019. URL: https://unrealengine.com/marketplace/en-US/product/bbcb90a03f844edbb20c8b89ee16ea32 (besucht am 12. 08. 2021).

Szeliski, R. Computer vision: Algorithms and applications. Texts in computer science. London: Springer, 2011. DOI: 10.1007/978-1-84882-935-0. URL: http://site.ebrary.com/lib/alltitles/docDetail.action?docID=10421311 (besucht am 27. 03. 2022).

Tan, M.; Le V, Q. EfficientNet: Rethinking Model Scaling for Convolutional Neural Networks. In: *International Conference on Machine Learning*, 2020. URL: https://arxiv.org/pdf/1905.11946 (besucht am 27. 03. 2022).

Trafton, G.; Hiatt, L.; Harrison, A.; Tanborello, F.; Khemlani, S.; Schultz, A. ACT-R/E: An Embodied Cognitive Architecture for Human-Robot Interaction. In: *Journal of Human-Robot Interaction* 2.1, 2013, S. 30–55. DOI: 10.5898/JHRI.2.1.Trafton.

UE Marketplace: Renderpeople. Scanned 3D people Pack. 2019. URL: https://www.unrealengine.com/marketplace/en-US/product/9c3fab270dfe468a9a920da0c10fa2ad (besucht am 12. 08. 2021).

Ullrich, G.; Albrecht, T. Fahrerlose Transportsysteme: Eine Fibel - mit Praxisanwendungen - zur Technik - für die Planung. 3rd ed. 2019. Wiesbaden: Springer Fachmedien Wiesbaden und Imprint: Springer Vieweg, 2019. DOI: 10.1007/978-3-658-27472-6.

Ulrich, H. Anwendungsorientierte Wissenschaft. In: *Die Unternehmung* 36.1, 1982, S. 1–10. URL: http://www.jstor.org/stable/24178507 (besucht am 27. 03. 2022).

Ulrich, P.; Hill, W. Wissenschaftstheoretische Grundlagen der Betriebswirtschaftslehre. In: *Zeitschrift für Ausbildung und Hochschulkontakt* 5 (7+8), 1976, S. 304–309. URL: https://www.alexandria.unisg.ch/17331/ (besucht am 27. 03. 2022).

van der Walt, S.; Colbert, S. C.; Varoquaux, G. The NumPy Array: A Structure for Efficient Numerical Computation. In: *Computing in Science & Engineering* 13.2, 2011, S. 22–30. DOI: 10.1109/MCSE.2011.37.

van Dijk, T.; Croon, G. C. H. E. d. How do neural networks see depth in single images? 2019. URL: http://arxiv.org/pdf/1905.07005v1 (besucht am 27. 03. 2022).

Vasilev, A.; Golkov, V.; Meissner, M.; Lipp, I.; Sgarlata, E.; Tomassini, V.; Jones, D. K.; Cremers, D. q-Space Novelty Detection with Variational Autoencoders. 2018. URL: http://arxiv.org/pdf/1806.02997v2 (besucht am 27. 03. 2022).

Wenning, M.; Adlon, T.; Burggräf, P. Anomaly Detection as Vision-Based Obstacle Detection for Vehicle Automation in Industrial Environment: (in Review). In: *Frontiers in Manufacturing Technology*.

Wenning, M.; Backhaus, A. A.; Adlon, T.; Burggräf, P. Testing the Reliability of Monocular Obstacle Detection Methods in a Simulated 3D Factory Environment: (in Review). In: *Journal of Intelligent Manufacturing*.

Wenning, M.; Kawollek, S.; Kampker, A. Automated driving for car manufacturers' vehicle logistics. In: *at - Automatisierungstechnik* 68.3, 2020, S. 222–227. DOI: 10.1515/auto-2019-0087.

Xu, D.; Ricci, E.; Yan, Y.; Song, J.; Sebe, N. Learning Deep Representations of Appearance and Motion for Anomalous Event Detection. 2015. URL: https://arxiv.org/pdf/1510.01553 (besucht am 27. 03. 2022).

Zhang, X.; Zhu, X.; Zhang, X.-Y.; Zhang, N.; Li, P.; Wang, L. SegGAN: Semantic Segmentation with Generative Adversarial Network. In: *2018 IEEE Fourth International Conference on Multimedia Big Data (BigMM)*. Piscataway, NJ: IEEE, 2018, S. 1–5. DOI: 10.1109/BigMM.2018.8499105.

Zhao, C.; Sun, Q.; Zhang, C.; Tang, Y.; Qian, F. Monocular depth estimation based on deep learning: An overview. In: *Science China Technological Sciences* 63.9, 2020, S. 1612–1627. DOI: 10.1007/s11431-020-1582-8.

Zhou, B.; Lapedriza, A.; Xiao, J.; Torralba, A.; Oliva, A. Learning Deep Features for Scene Recognition using Places Database. In: *Advances in Neural Information Processing Systems*. Hrsg. von Z. Ghahramani; M. Welling; C. Cortes; N. Lawrence; K. Q. Weinberger. Bd. 27. Curran Associates, Inc, 2014, S. 487–495. URL: https://proceedings.neurips.cc/paper/2014/file/3fe94a002317b5f9259f82690aeea4cd-Paper.pdf.

Zhou, J.; Li, B. Robust Ground Plane Detection with Normalized Homography in Monocular Sequences from a Robot Platform. In: *2006 International Conference on Image 2006*, S. 3017–3020. DOI: 10.1109/ICIP.2006.312972.

Zivkovic, Z.; van der Heijden, F. Efficient adaptive density estimation per image pixel for the task of background subtraction. In: *Pattern Recognition Letters* 27.7, 2006, S. 773–780. DOI: 10.1016/j.patrec.2005.11.005.

A. Übersicht der verwendeten Künstlichen Neuronalen Netze als Merkmalsextraktoren

Netzwerk	Level	Layer-Name	Input (h/w)	Output (x,y,z)	RF-Größe
MobileNetV2	3	block 3 project BN	224	(28,28,32)	27
	6	block 6 project BN	224	(14,14,64)	75
	9	block 9 add	224	(14,14,64)	171
	12	block 12 add	224	(14,14,96)	267
	14	block 14 add	224	(7,7,160)	363
	16	block 16 project BN	224	(7,7,320)	491
	Last	out relu	224	(7,7,1280)	491
ResNet50V2	3	conv3 block3 out	224	(14,14,512)	95
	4	conv4 block6 out	224	(7,7,1024)	287
	5	post relu	224	(7,7,2048)	479
VGG16	3	block3 conv3	224	(56,56,512)	37
	4	block4 conv3	224	(28,28,512)	85
	5	block5 conv3	224	(14,14,512)	181

Implementierung und Gewichte

`https://github.com/keras-team/keras-applications/`

In der Reihe **Ergebnisse aus der Produktionstechnik** zuletzt erschienen:

Wenning, Marius:
Kontextabhängige Anomaliedetektion zur visuellen Hinderniserkennung für automatisierte PKW im End-of-Line-Bereich
ISBN: 978-3-98555-121-7
Erscheinungsdatum: 19.12.2022

Helbig, Jens:
Typisierung und Auswahl von Referenzstrategien für den Werkzeugeinkauf
ISBN: 978-3-98555-122-4
Erscheinungsdatum: 19.12.2022

Schlegel, Peter:
Bewertung und Optimierung der Vollständigkeit von Betriebsdaten im Kontext der Fehlerprädiktion
ISBN: 978-3-98555-120-0
Erscheinungsdatum: 18.11.2022

Kukla, Christian:
Prozesstemperaturregelung in der laserunterstützten Verarbeitung von faserverstärkten thermoplastischen Verbundkunststoffen
ISBN: 978-3-98555-116-3
Erscheinungsdatum: 19.10.2022

Kiesel, Raphael:
Techno-Economic Evaluation of 5G Technology for Latency-Critical Applications in Production
ISBN: 978-3-98555-115-6
Erscheinungsdatum: 19.10.2022

Hahn, Viviane:
Bewertung der Wandlungsfähigkeit in der automatisierten Fabrikplanung
ISBN: 978-3-98555-102-6
Erscheinungsdatum: 10.10.2022

Solf, Mareike:
Modellierung der Schleifkraft beim Kegelradschleifen
ISBN: 978-3-98555-106-4
Erscheinungsdatum: 12.08.2022

Schäkel, Martin:
Adaptiver laserunterstützter Tapewickelprozess für die Herstellung von Druckbehältern aus endlosfaserverstärkten Thermoplasten
ISBN: 978-3-98555-107-1
Erscheinungsdatum: 12.08.2022

Elser, Hannes:
Fähigkeit von Bluetooth Low Energy zur signalstärkebasierten Rückverfolgung von Bauteilen in der Einzel- und Kleinserienfertigung
ISBN: 978-3-98555-099-9
Erscheinungsdatum: 12.08.2022

Henkel, Jérôme
Strategien zur Steigerung der Flächeneffizienz von Fabriken im urbanen Umfeld ISBN
ISBN: 978-3-98555-098-2
Erscheinungsdatum: 27.07.2022

Edition Wissenschaft
Apprimus

Busch, Max:
Intelligente Produktionsplanungsprozesse im Werkzeugbau
ISBN: 978-3-98555-095-1
Erscheinungsdatum: 14.07.2022

Fölling, Carsten:
Komplexitätsbeherrschung durch hybride Montageplanung
ISBN: 978-3-98555-090-6
Erscheinungsdatum: 30.06.2022

Ays, Johanna:
Kontextbasierte Integration agiler und plangetriebener Entwicklungsprozesse
ISBN: 978-3-98555-087-6
Erscheinungsdatum: 23.06.2022

Maslo, Semir:
Simulation of the Dynamic Vibration Behaviour and Spindle Speed Optimization During the Milling Process of Turbomachinery Components
ISBN: 978-3-98555-082-1
Erscheinungsdatum: 25.05.2022

Goertz, David:
Gestaltungsmodell für eine vernetzte adaptive Montage im Werkzeugbau
ISBN 978-3-98555-072-2
Erscheinungsdatum: 05.05.2022

Wollbrink, Moritz:
Methodik zur Integration pulverbettbasierter additiver Fertigungstechnologien in Fertigungsprozessketten
ISBN 978-3-98555-070-8
Erscheinungsdatum: 22.04.2022

Eßer, Bastian:
Analyse des Betriebsverhaltens von Kugelgewindetrieben unter statischen axialen Betriebslasten
ISBN: 978-3-98555-065-4
Erscheinungsdatum: 11.07.2022

Schulz, Martin:
Optimierung des Temperaturfeldes beim Laserstrahlhärten
ISBN: 978-3-98555-078-4
Erscheinungsdatum: 23.06.2022

Ebade Esfahani, Matthias:
Ontologie der Fabrikplanung mit Hilfe von Building Information Modeling (BIM)
ISBN: 978-3-98555-084-5
Erscheinungsdatum: 07.06.2022

Schmitz, Seth:
Datenbasierte Beschreibung der Prozessperformance in der Auftragsabwicklung
ISBN: 978-3-98555-079-1
Erscheinungsdatum: 19.05.2022

Scholz, Paul:
Applikation maschinell lernender Systeme in der vernetzten adaptiven Produktion
ISBN 978-3-98555-069-2
Erscheinungsdatum: 28.04.2022

Ochs, Jelena Katherina:
Model-Based Process Prediction for Predictive-Reactive Scheduling in Automated Stem Cell Production
ISBN 978-3-98555-059-3
Erscheinungsdatum: 22.04.2022

Edition Wissenschaft
Apprimus